恋上手作花饰

（日）日本拼布通信社　著
何凝一　译

河南科学技术出版社
·郑州·

前　言

饰花是用在胸前、腰间、肩上，

表示喜悦、敬意之情的小花。

原本是为了给人正式庄重印象的花饰，

现在慢慢地变成一种形式自由、平日也常使用的饰物。

本书中，结合人们对自然时尚的追求，

介绍了许多用亚麻、棉布等天然材质制成的花饰。

还有一些可爱的花朵饰物，不需要专门的工具，

只需剩余的毛线即可制成。

怀着摘朵野花放在胸前做装饰的心情，

一起来享受花饰和花朵饰物带来的乐趣吧！

目 录

Contents

Holiday
适合外出的花饰

迷你玫瑰发饰………18

复古花束饰针………19

棉布和丝网制作的华丽花饰………20

盎然的花束………21

拼贴蕾丝饰针………22

奶茶色小花束………23

亚麻和玻璃纱花饰………24

亚麻和玻璃纱发箍………25

发圈+花饰………26

蕾丝花饰发圈………27

玻璃纱制作的轻柔花饰&发圈………28

帅气的针织花………29

Casual
日常用花饰

直接裁剪的亚麻花………5

锁针钩织的花朵………6

黑白色系花朵………7

亚麻线钩织的花朵………8

小巧的钩织花朵………9

钩织卷形蔷薇………10

皮质蔷薇………11

轻柔的白花………12

白色花朵的发夹………12

优雅时尚的大蔷薇………13

小花链饰………14

粗麻布花饰………15

温暖的不织布花束………16

天鹅绒紫罗兰………17

Formal
格调花饰

小巧卷曲的蔷薇花束………31

简单卷曲蔷薇………31

紫罗兰花束………32

带叶子的紫罗兰花束&耳钉………33

雏菊花束………34

圆鼓鼓的可爱粘贴蔷薇………35

粉色康乃馨………35

花饰的基本制作方法和技巧………36

浸染布料，制作世界上独一无二的

原创花饰………40

作品制作方法………41

钩针钩织基础针法………71

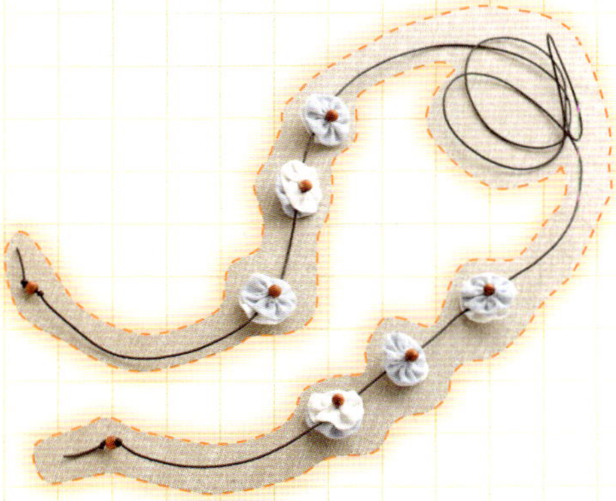

Casual

日常用花饰

适合日常佩戴的低调又简单的花朵。

并非用特殊材料制作而成，但碎布和剩余毛线的活用也颇具魅力。

购物时、与朋友聚餐时、上学时……

每天换一款，享受不一样的心情吧！

直接裁剪的亚麻花

用直接裁剪的亚麻和蕾丝组合而成，不会过于甜腻，给人简单大方的印象。适合搭配各种服饰、手提包……美感如插花一般的作品。

- 设计 草本美树
- 制作方法 P.41

锁针钩织的花朵

即便是玩钩针的初学者也能很快完成的可爱小花。建议用剩余的毛线多钩织几朵，重叠拼接在一起。

- 设计 Tamasurf
- 制作方法 P.50

黑白色系花朵

用冷色调的布料组合而成的干练成熟的花饰。半球形的花朵非常有存在感。

- 设计 Tamasurf
- 制作方法 P.42

亚麻线钩织的花朵

钩织出圆形的花样，再加上亮眼的花瓣。采用米褐色系的亚麻线编织，中间用花朵状的串珠做出花心。

- 设计 草本美树
- 制作方法 P.43

小巧的钩织花朵

纽扣、串珠、配饰组合而成的小巧花饰。把沉睡已久的纽扣找出来再利用吧！

- 设计 Tamasurf
- 制作方法 P.44

钩织卷形蔷薇

钩织出带状的织片后，卷成花的形状，再用蕾丝滚边，营造出浪漫的氛围。大小不一的花朵可以斜着摆放做装饰

• 设计　草本美树

• 制作方法　P.45

皮质蔷薇

皮革的质感适合成熟的女性。大小圆形像花瓣一样重叠，用双面胶固定即可，这是初学者也能掌握的花饰。

- 设计 片冈美和
- 制作方法 P.46

白色花朵的发夹

用白色花朵装点的发夹。摇曳的叶子挂饰是设计亮点。

- 设计 Harmonia
- 制作方法 P.47

轻柔的白花

用W纱布等5种柔软的布料制成花瓣，花朵小巧但颇具存在感，再在花朵上添加丝带即可制成花束。

- 设计 Harmonia
- 制作方法 P.47

优雅时尚的大蔷薇

亚麻布卷成的简单蔷薇花饰。搭配大披肩和厚针织物，真是十分具有个性的作品。

- 设计 片冈美和
- 制作方法 P.48

小花链饰

用皮质绳带将小花串起。既可以戴在脖子上，又可以活用作手链或帽子装饰。小花的位置和数量能随时改变。

- 设计 远藤纪子
- 制作方法 P.49

粗麻布花饰

用粗织麻和纤细蕾丝两种对比材料制作的漂亮花朵。半球形，尺寸较大，可以用来装饰篮子或手提包，相互映衬。

- 设计 片冈美和
- 制作方法 P.50

温暖的不织布花束

不织布剪出口后卷起来，瞬间就可制作完成的简单花饰。加上羊毛质地的蝴蝶结，是非常适合秋冬使用的款式。

- 设计 草本美树
- 制作方法 P.51

天鹅绒紫罗兰

用天鹅绒布料制作出惹人怜惜的紫罗兰花，令人印象深刻。适合搭配针织手提包。

- 设计 草本美树
- 制作方法 P.52

Holiday

适合外出的花饰

纤细少女风格的花朵，

又增添了几分淑女华丽的感觉。

适合约会、看电影、旅行、外出时用，

戴上喜欢的小花一起出发吧！

迷你玫瑰发饰

就像在巴黎古董店里发现的古典发饰一样。头发用发簪固定后再装饰，造型更成熟优雅。

- 设计 Atelier Re-tour
- 制作方法 P.56

复古花束饰针

蕾丝和花朵在咖啡中浸染后，散发出怀旧复古的风格。搭配微微泛黄的英文小说的碎纸片是此款的亮点。

- 设计 Atelier Re-tour
- 制作方法 P.53

棉布和丝网制作的华丽花饰

棉布中添加丝网花朵，给人轻盈感的花饰。用笔筒将花瓣卷曲，让花瓣更生动逼真。

- 设计 Harmonia
- 制作方法 P.54

盎然的花束

用咖啡染过色的花朵，色泽与干花颇为相似。从象牙白到浅茶色的微妙渐变色，让花饰更富魅力。

- 设计 Veriteco
- 制作方法 P.55

拼贴蕾丝饰针

多种蕾丝重叠，制作成饰针。花朵选用人造花，用红茶和咖啡浸染出复古风情。

- 设计 Atelier Re-tour
- 制作方法 P.56

奶茶色小花束

由雏菊、野蔷薇和蕾丝组成，3种小花结成浪漫的花束。花束多出的同色系配饰，也可以一起用上。

- 设计 Veriateco
- 制作方法 P.57

亚麻和玻璃纱花饰

两种质感不同的材料重叠而成的花瓣令人印象深刻。亚麻色花朵与全白色花朵的制作方法相同。配色稍有变化，呈现的感觉也完全不一样。

- 设计 草本美树
- 制作方法 P.58

亚麻和玻璃纱发箍

将亚麻和玻璃纱花饰的花瓣运用到发箍上。白色是亚麻和玻璃纱重叠而成的花瓣。黑色则突出了玻璃纱独特的透明感。

- 设计 草本美树
- 制作方法 P.58

发圈+花饰

发圈用带有细裂纹的棉布制成，小花饰由几层薄棉布重叠而成。既可以组合搭配，也可以分开使用。

- 设计 Veriteco
- 制作方法 P.59

蕾丝花饰发圈

汇集了3种花瓣、用蕾丝做基底的花饰。只需改变一下布料的颜色，风格便大相径庭。此款也可用作手链。

- 设计 Veriteco
- 制作方法 P.60

玻璃纱制作的轻柔
花饰&发圈

几十片玻璃纱集合成半球形的花朵，像棉花糖一般轻柔。颜色各异的发圈重叠在一起也十分可爱。

- 设计 草本美树
- 制作方法 P.61

帅气的针织花

由黑白色的针织面料和羽毛制成，散发成熟的魅力。此款适合搭配羊毛或天鹅绒外套。

- 设计 Harmonia
- 制作方法 P.62

Formal

格调花饰

保留花的姿态，

搭配正装，增添几分格调。

部分作品的制作方法稍微有些复杂，

用心体味手工花饰带来的乐趣吧！

小巧卷曲的蔷薇花束

由3种印花布组成的花瓣，种类丰富。重点是要注意花朵和叶子的平衡感。

- 设计 远藤纪子
- 制作方法 P.63

简单卷曲蔷薇

柔和色调的亚麻布，衬托出花瓣漂亮的弧线。制作时要注意重叠的花瓣的整体平衡。

- 设计 远藤纪子
- 制作方法 P.64

紫罗兰花束

花心由皮革绳带打结而成，独特新颖。惹人怜爱的小花结成束，给人留下深刻的印象。

- 设计 远藤纪子
- 制作方法 P.65

带叶子的紫罗兰
花束&耳钉

雅致的配色，加上黄色的花瓣，是十分惹眼的花束。一朵花制成的耳钉，令耳朵增添几分华美感。

- 设计 远藤纪子
- 制作方法 P.66

雏菊花束

生机盎然的叶子和颇具立体感的花蕾，粉色的雏菊跃然眼前。张力十足的花瓣用浆洗过的布料细细制作而成。

- 设计 远藤纪子
- 制作方法 P.67

圆鼓鼓的可爱粘贴蔷薇

数种布料重叠粘贴在圆形的基底上，烘托出立体感。活用两种印花布的正反面，让颜色富于变化。

- 设计 远藤纪子
- 制作方法 P.69

粉色康乃馨

既具立体感又颇有分量的魅力康乃馨，布料由净色和印花两种组成，令花瓣动感十足。

- 设计 远藤纪子
- 制作方法 P.70

花饰的基本制作方法和技巧

介绍花饰的基本制作方法和让作品更漂亮的技巧。

请一同参照P.41开始的作品制作方法。

A. 布料的浆洗方法

花饰需要有一定硬度的花朵和叶子时，要使用事先浆洗过的布料。不仅保持了布料的张力，还能防止布料散开。

[准备材料] 废纸（包装纸等）、围裙、碗、黏合剂、铁丝衣架、衣夹、报纸、熨斗

浆洗顺序

1 废纸铺在制作台上，系上围裙。

2 布料浸入装有一定量热水的碗中，按照1份水：4份黏合剂的比例配置（如需硬度较高的花朵叶子时，可增加黏合剂的用量），搅拌至块状消失。

3 布料浸入其中，轻轻拧一下。然后展开布料铺在废纸上，吸走多余的液体。

4 挂在铁丝衣架上晾干。横向布纹与衣架保持水平，整理布纹。布料左右两端用衣夹固定，反面铺上报纸。

5 晾干后用熨斗熨烫。

※简易浆洗时，可以将家庭用的喷雾状糨糊直接喷到布料上。此时，要注意挂糊应均匀，晾干后再喷洒，如此重复几次。

B. 裁剪布料

裁剪时要注意布纹方向。所谓布纹，即布料针脚的方向，与侧边平行的为纵向，垂直的为横向。

通常情况下，花朵和叶子都用斜布纹的斜裁布条制作。另外，裁剪茎时要将纵横向的布纹对齐。

裁剪茎布料

裁剪细长形的茎布料时，如果将布料展开再裁剪容易剪歪，非常不方便。若把布料卷起，一刀就剪好，十分简单。不需要用尺子画线，直接目测裁剪即可。

C. 让花瓣生动逼真
——用竹签卷曲

制作花饰的花瓣和叶子时，如果想达到更生动逼真的效果就要用到造花镘子，但本书中介绍的是手边可用的工具，能简单地达到效果。

［准备材料］竹签

以粉色的康乃馨（P.70）为例

1

图纸铺在浆洗过的布料上，画出线后，沿线裁剪。

2

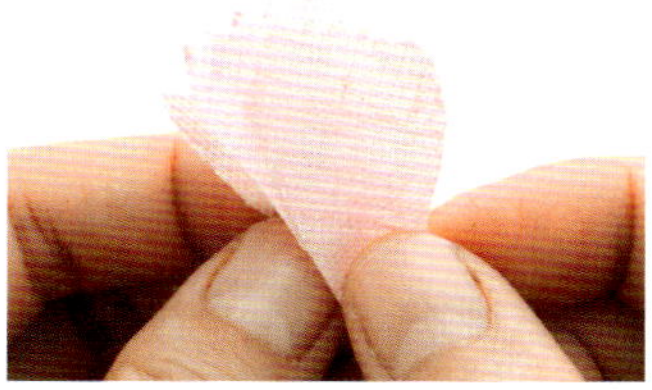

花瓣的切口对齐，折叠3次。

3

拧紧。

4

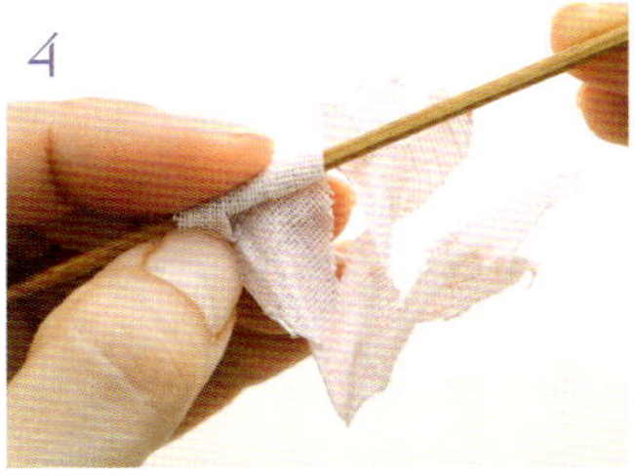

展开后，竹签放到花瓣上部的切口处，以竹签为轴，卷成圆弧状。

5

花瓣分成3份，竹签纵向放到各片的中心。以竹签为轴，垂直将花瓣卷曲。

6

确认形状整体平衡。注意并不是所有花瓣都必须按照同样的方法卷弯。可以朝各个方向卷曲，最后放到一起时才更生动逼真。

D. 让花瓣生动逼真
——用笔帽卷曲

如果是用1片花朵形状制成的花瓣，可以将分散的花瓣逐一粘贴成花蕾，立体感十足。这里用笔帽代替造花镘子。

［准备材料］笔帽是圆筒形的各种笔

以棉布和丝网制作的华丽花饰（P.54）为例

1

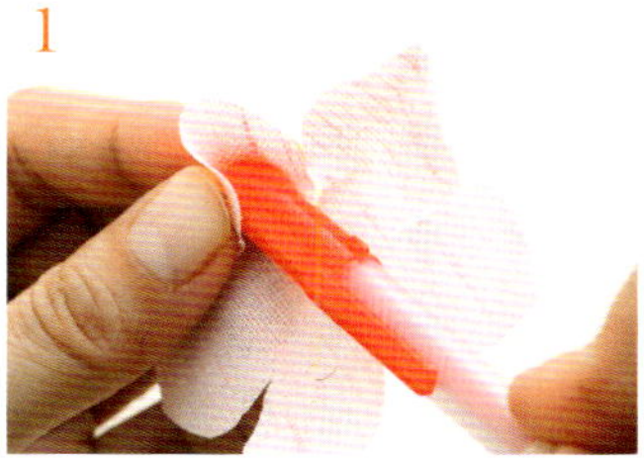

圆筒形笔帽分别放到5片花瓣的中心，以手指为垫，用力挤压笔，压出圆形。

2

再将笔垂直放到花中心，压出圆形。

E. 用棉签制作花蕊

棉签是制作花蕊用的材料，花的种类不同，棉签的种类也相当丰富。在此介绍一下用棉签制作花蕊的方法。

［准备材料］棉签、铁丝、剪刀

棉签结成束

1

按作品所需，将数根棉签结成束，然后对折。

2

把铁丝缠在对折后的棉签上，绕两圈，然后勒紧固定。

3

确认棉签不会松动后，将铁丝下方余出的棉签棒剪断。

绕铁丝的技巧

用铁丝缠绕棉签或叶子的根部时，需要绕两圈（绕3圈以上反而不一定能勒紧）。先绕两圈，然后拧一次。再将铁丝勒紧拧一次，在棉签的侧面拧紧。

F. 缠上茎布料

茎可由裁剪好的布料、造花专用的花朵胶条或是薄绢带缠绕而成。茎布料缠绕在花朵和叶子的根部以下的铁丝上，重叠部分越少越漂亮。

［准备材料］茎布料、黏合剂

1

缠绕棉签的铁丝压到正下方。茎布料的顶端涂上黏合剂，在勒铁丝的部分绕一圈，一点一点逐渐向下缠。棉签和铁丝之间的缝隙处绕一圈，将缝隙盖住，然后压住铁丝上方的布料，遮住棉签的剪切口。

2

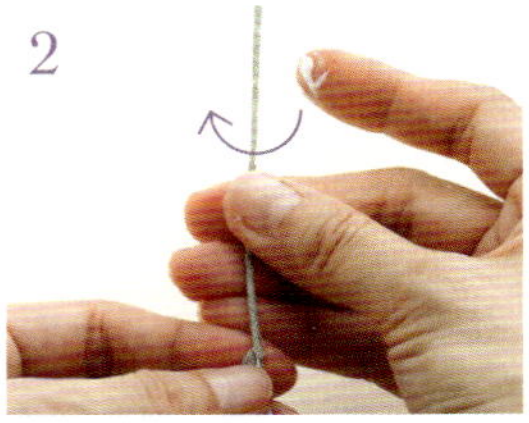

手指蘸上黏合剂，一点点涂到茎布料上，逐渐重叠缠绕后将铁丝遮住。茎布料稍微斜向下拉再缠到铁丝上不易散开。

G. 捆扎花束

数朵花和叶子结成的花束型花饰最重要的是整体的平衡感。捆扎时看好每根的位置。

以小巧卷曲的蔷薇花束（P.63）为例

1

用手指捏住距离中心花朵的根部1cm下方的茎部。这个位置是之后别针的中心。在中心花朵的周围配置4朵花后，再添加3朵花蕾。

2

决定配置位置时，先以最初的1朵为中心画圆再组合，花蕾在圆周围附近。捏住中心的左手大拇指隐藏好，正面的花朵放倒，背面展平。

H. 加上花饰别针
——用茎布料固定

如果是1朵花，可以将茎布料缠绕到茎上，同时加入别针。

[准备材料] 茎布料、黏合剂、花饰别针

以简单卷曲蔷薇（P.64）为例

1

裁剪花和叶子的茎，注意整体平整，然后在茎布料的顶端涂上黏合剂。用茎布料在花的根部勒紧绕一圈，将叶子固定。

2

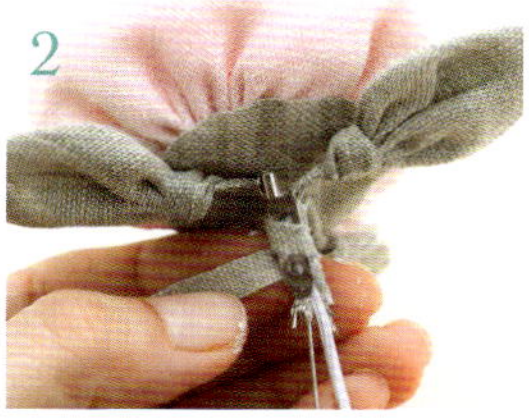

绕第2圈茎布料时，除花饰别针的针尖外，背面都涂上黏合剂，紧贴在花朵的下方。别针的背面与花茎一起缠绕2~3圈。

3

第4圈缠在别针的外侧，但茎布料要卷到别针轴和铁丝之间。如果太浅的话，容易露出铁丝。

4

顺势卷到下方，茎的顶端也用茎布料缠好。

5

再卷到别针底部处，让茎粗一些，最后缠两圈。剪掉别针底部多余的茎布料。

I. 加上花饰别针
——用别针拼接固定

花束型的花饰在捆扎花朵和叶子时就加入花饰别针。到决定配置的阶段时，先用铁丝暂时固定，制作更方便。

[准备材料] 别针拼接布料、黏合剂、花饰别针

以小巧卷曲的蔷薇花束（P.63）为例

1

别针拼接布料涂上黏合剂，捆扎中心（用铁丝暂时固定的部分）用别针拼接布料缠一圈。缠绕时要将布料拉紧。

2

缠第2圈时，将涂好黏合剂的花饰别针固定到反面，用别针拼接布料缠绕固定。按照图示方法，将整个反面展平。

关于材料

● 棉签

棉签的运用能让花朵更生动逼真。棉签的颜色、大小各异，并非一定要使用本书中介绍的，可结合布料的颜色和素材选择最适合的。

● 铁丝

本书中使用的都是在造花用铁丝上缠绕白色、灰色胶条的“弯铁丝”。主要选用26号、28号。

● 花饰别针

一般尺寸为长2.5cm或3.5cm。现在还有一种带回形针的别针，可以别在手提包或帽子上，非常方便。

● 黏合剂

制作花饰不可缺少的材料，用于浆洗、固定花朵、粘贴别针等。市面上出售的一般有手工用黏合剂和木工用黏合剂两种，都可以用于布艺制作。粘贴花瓣、固定基底或者黏合配件时，事先涂上速干型的黏合剂，制作更方便。

浸染布料，制作世界上独一无二的原创花饰

红茶和咖啡非常适合浸染亚麻和棉布等布料，效果自然时尚。不只布料，蕾丝和丝带等也能轻松浸染。从淡淡的象牙白到米褐色，根据浸染时间的长短可调节颜色的浓淡，魅力十足。这种简单浸染的布料市面没有出售，其怀旧复古的感觉非常容易搭配。

红茶浸染・咖啡浸染

二者的浸染工序一样。茶叶或咖啡的种类、分量，浸染物的材质决定了染色程度。可以以浸泡时间作为参考标准。

［准备材料］

红茶茶包（或者速溶咖啡）适量
盐
小锅

［做法］

1 先将要染的布料或蕾丝浸泡到水中，避免部分变色。

2 小锅中倒入一定量的水，以能让布料充分浸泡为标准，然后将水煮沸。再倒入红茶或咖啡。

3 关火，加入盐（约为要染布料重量的3%），让颜色更稳定。

4 把要染的布料放入浸泡液中。观察颜色变化，适时调整浸染时间。用水清洗后会掉色，浸染时颜色可以稍微深一些。

5 染色后，用水轻洗。直至布料不再渗出染料。

6 挤干水（纤细的蕾丝或丝带有水也可）后，放在通风背阴处晾干。

	使用量（每250毫升）	浸泡方法
红茶（浅色）	茶包 1袋 煮熬	10~15分钟
红茶（深色）	茶包 3袋 煮熬	①浸泡10~15分钟后，取出后在空气中放置5分钟 ②反复染成自己喜欢的颜色
咖啡（浅色）	速溶咖啡 2小匙	10~15分钟
咖啡（深色）	速溶咖啡 4~5小匙	①浸泡10~15分钟后，取出后在空气中放置5分钟 ②反复染成自己喜欢的颜色

※红茶因茶叶的种类而颜色各异。用茶叶制作浸泡液时，煮熬后要滤干净茶叶。

※使用市售的茶叶包浸染出的颜色要比咖啡浸染稍微红一些。

※咖啡渣也可以制作浸泡液。与红茶浸染的方法相同，煮熬出汁液，然后再将咖啡渣滤干净。

※一般来说，棉布和亚麻的材质易浸染，化纤比较难，需要注意。建议先用碎布试一试。

红茶浸染的作品：拼贴蕾丝饰针（P.56）/ 奶茶色小花束（P.57）/ 发圈+饰针（P.59）/ 蕾丝花饰发圈（P.60）

咖啡浸染的作品：复古花饰饰针（P.53）/ 盎然的花束（P.55）/ 拼贴蕾丝饰针（P.56）/ 迷你玫瑰发饰（P.56）/蕾丝花饰发圈（P.60）

作品制作方法 *How to make*

※图中未标明的数字单位均为“cm”。
※材料项中未列出缝纫线、黏合剂等。
※作品完成后会因缩紧等，与图中尺寸多少有些出入。

直接裁剪的亚麻花　实物图 P.5

成品尺寸：花朵直径9cm

材料（1朵的用量）

- 亚麻布（A：白色；B：茶色；C：米褐色）55cm×15cm
  ※用喷雾状糨糊浆洗亚麻布，再用熨斗熨烫，浆洗方法参照P.36 A
- 宽2.5cm的蕾丝a（米褐色）35cm
- 宽0.8cm的蕾丝b（本白）22cm
- 宽0.8cm的蕾丝c（本白）18cm
- 花饰别针 3cm 1个

实物大纸样

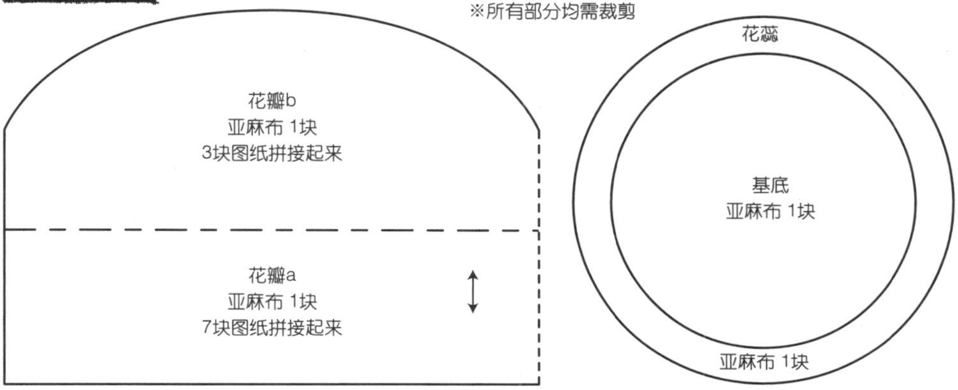

做法

[完成图]

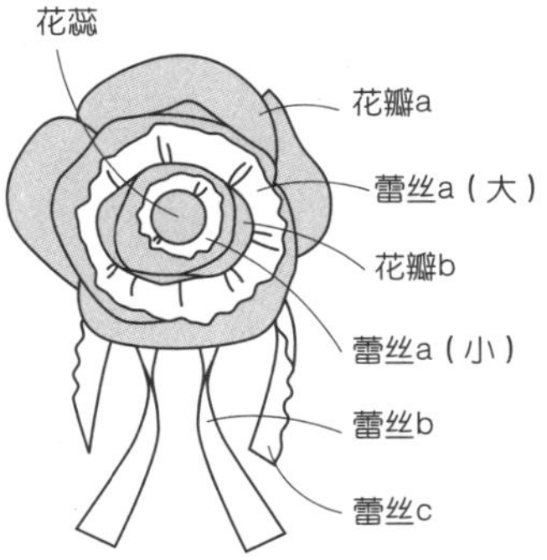

❶ 制作花瓣

与纸样对齐，裁剪布料

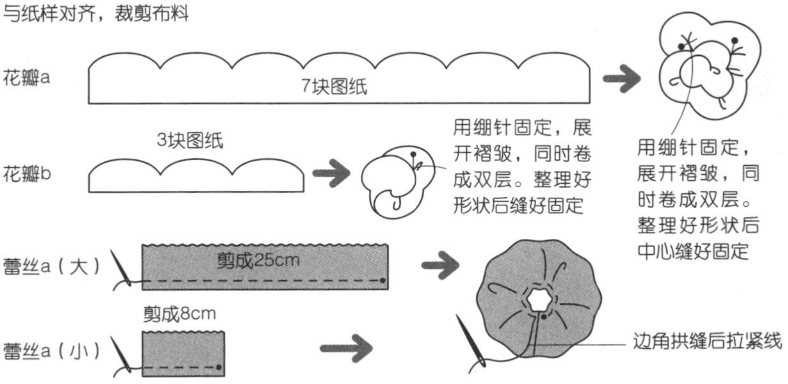

❷ 组合花瓣

从下方开始，按照花瓣a、蕾丝a（大）、花瓣b、蕾丝a（小）的顺序重叠，中心缝好固定

❸ 制作花蕊

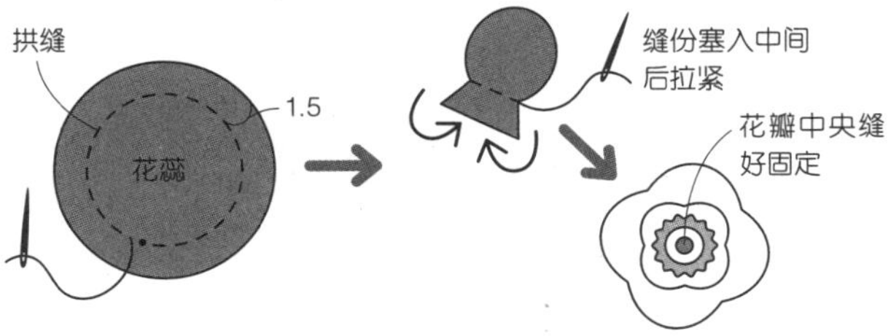

❹ 制作丝带

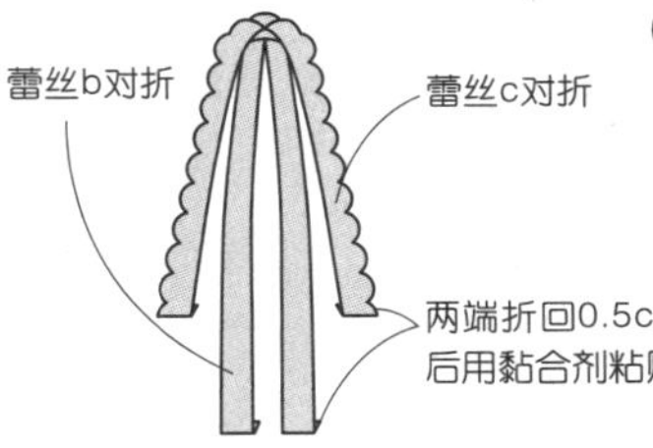

❺ 完成

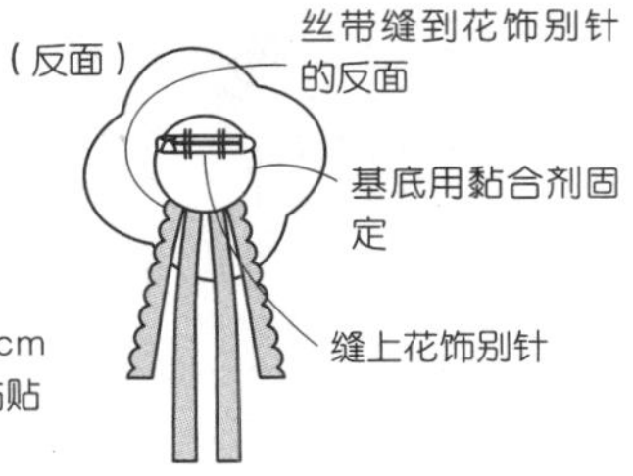

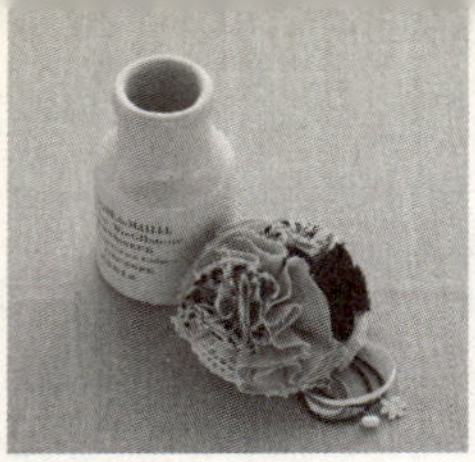

黑白色系的花朵　实物图 P.7

成品尺寸：花朵直径9cm

材料（1朵的用量）

- 棉质亚麻布（米褐色） 30cm×30cm
- 棉布（印花） 15cm×15cm
- 亚麻布（黑色） 15cm×15cm
- 宽5cm的蕾丝 2种（灰白色） 各20cm
- 宽0.3cm的缎带（灰白色） 40cm
- 直径0.2cm的蜡线（黑色） 40cm
- 0.7cm×1cm的椭圆珍珠串珠 1颗
- 直径1.3cm的蕾丝（本白） 1块
- T形针 1枚
- 圆形钩 2个
- 直径3cm带回形针的饰针底 1个

实物大纸样

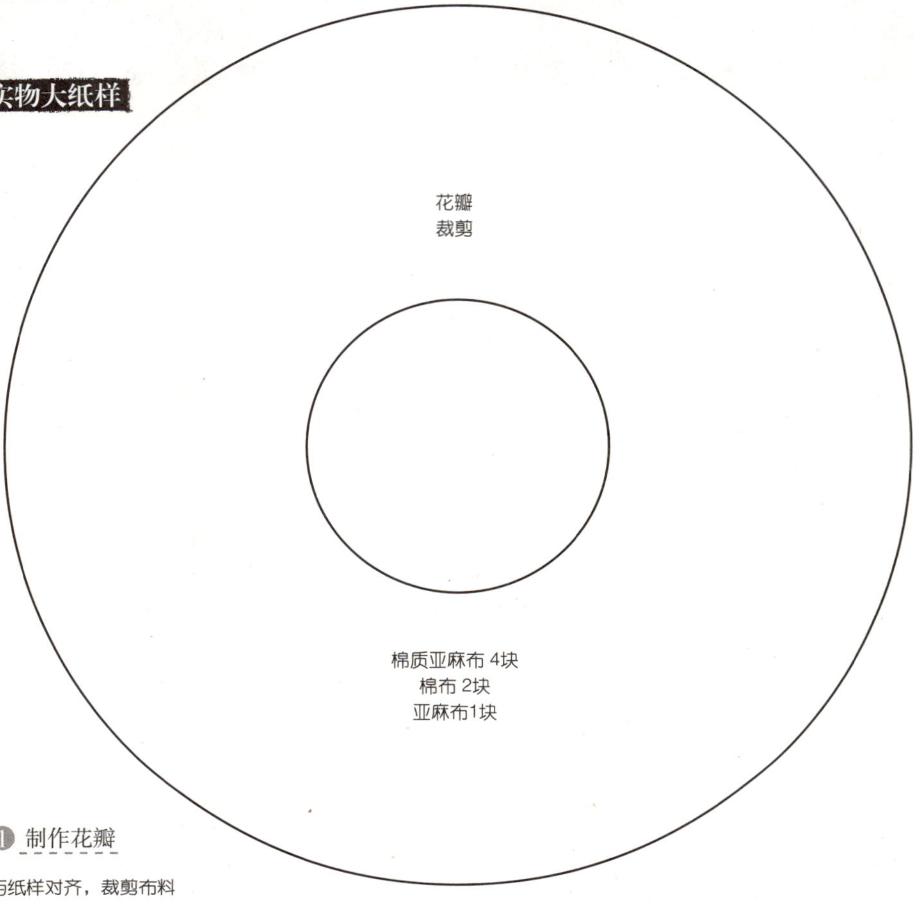

做法

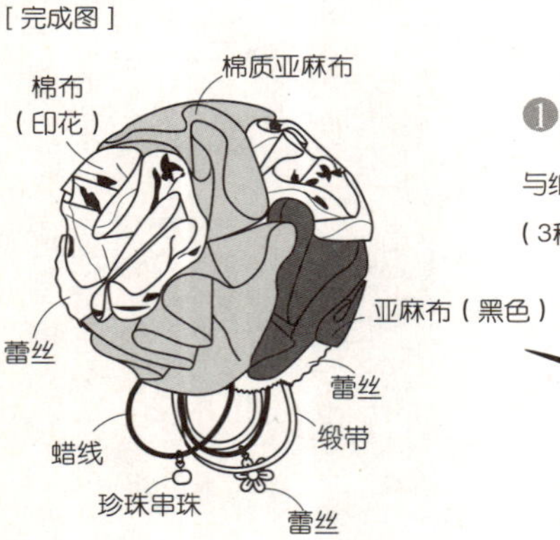

❶ 制作花瓣

与纸样对齐，裁剪布料

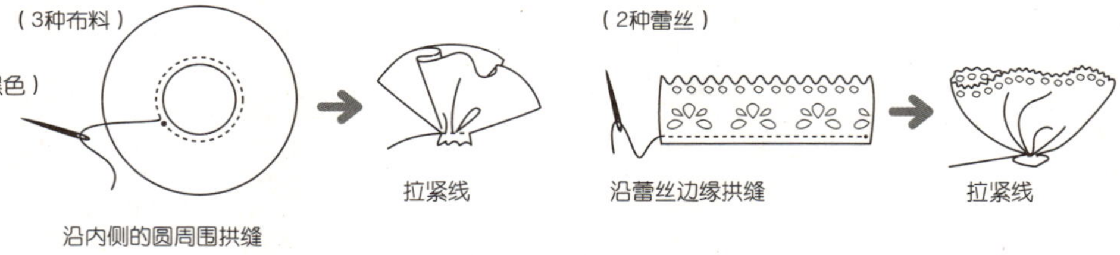

❷ 组合花瓣

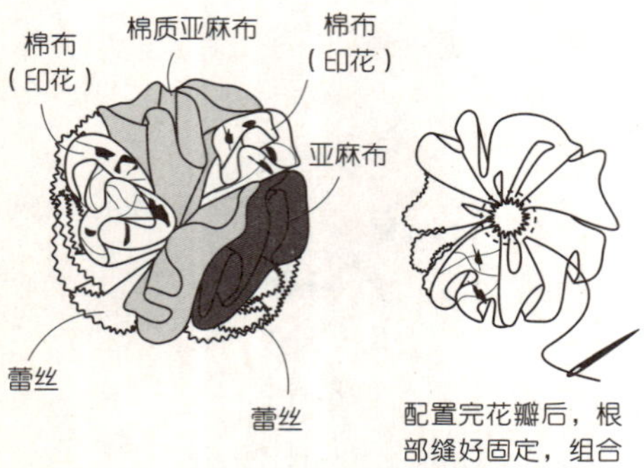

配置完花瓣后，根部缝好固定，组合成半球状

❸ 缝上丝带

蜡线剪成21cm长和19cm长

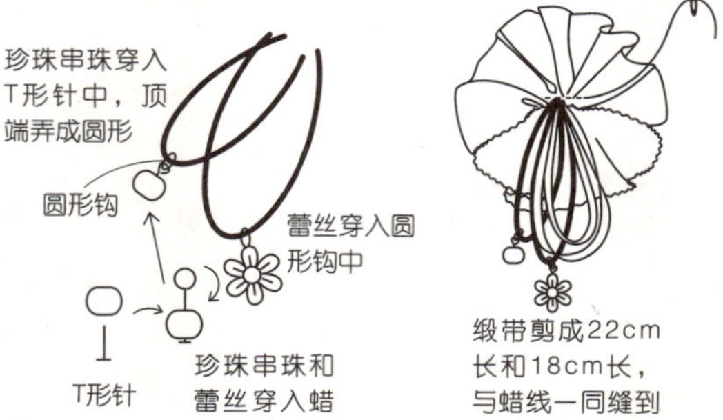

珍珠串珠和蕾丝穿入蜡线中

缎带剪成22cm长和18cm长，与蜡线一同缝到花饰的反面

❹ 完成

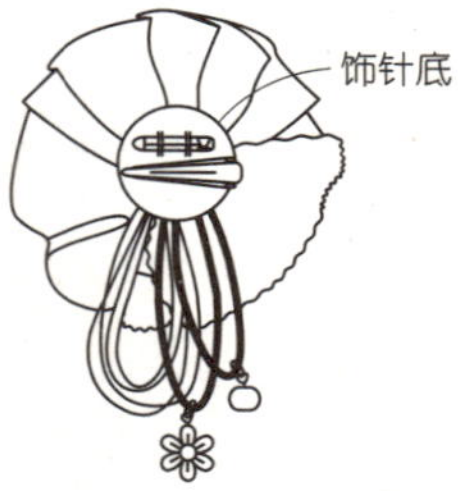

用黏合剂将带回形针的饰针底粘贴到反面

亚麻线钩织的花朵　实物图 P.8

成品尺寸：花朵直径9cm

材料（1朵的用量）

- 粗棉麻混纺线（白色）10g
- 粗棉麻混纺线（A：卡其色；B：米褐色）10g
- 极细花式纱线（白色）10g
- 细棉线（白色）10g
- 1.5cm×1.2cm的椭圆形配饰（塑料）3个
- 直径0.8cm的串珠（A：茶色；B：乳白色）3颗
- 直径2cm的小花配饰（白色）1个
- 直径0.3cm的串珠（A：银色；B：粉色）3颗
- 宽0.1cm的蜡线（A：茶色；B：乳白色）30cm
- 花饰别针 3cm 1个
- 钩针 4/0号、6/0号

做法

[完成图]

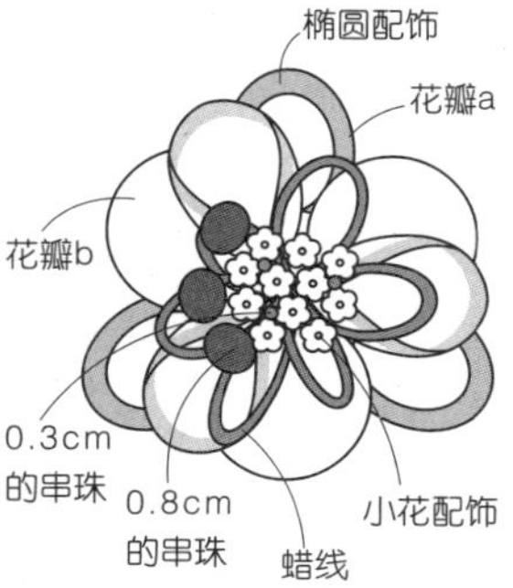

花瓣a、b 基底

花瓣a、基底 钩针 4/0号
花瓣b 钩针6/0号

椭圆配饰

钩针4/0号

○ = 锁针
× = 短针
• = 引拔针
※ 基础针法参照P.71

❶ 钩织花瓣和基底

用棉麻混纺线钩织3片花瓣a

[A] 1~4行　白色
　　5行　　卡其色
[B] 1~4行　白色
　　5行　　米褐色

用花式纱线和棉线组成的2股线钩织3片花瓣b

用棉麻混纺线钩织1块基底
[A] 卡其色
[B] 米褐色

❷ 用短针钩织椭圆配饰四周

用棉麻混纺线钩织3块
[A] 卡其色
[B] 米褐色

钩针插入椭圆配饰中，挂线后拉出，线头挂在钩针内侧

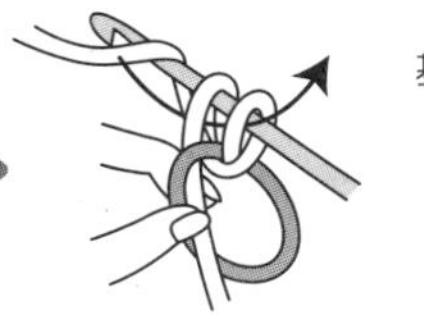

针尖挂线后引拔抽出，钩织立起的锁针

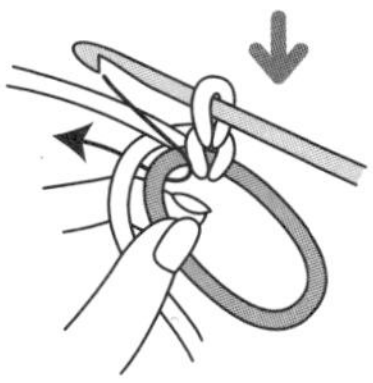

钩针插入椭圆配饰中，抽出先后钩织短针。重复织入短针

❸ 组合花朵

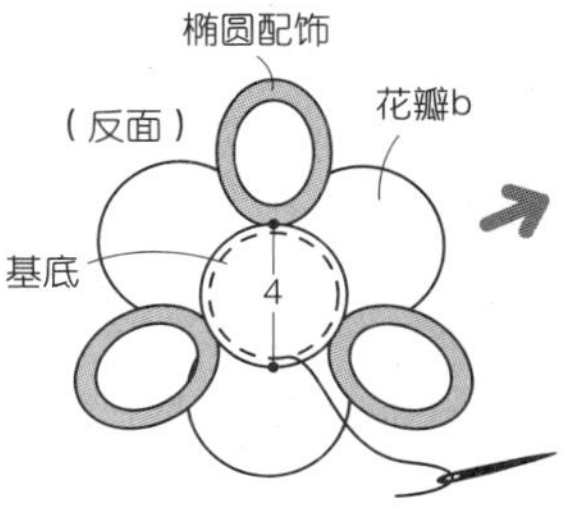

椭圆配饰缝到基底之后，再缝上花瓣b

花瓣a按照图示方法折叠，根部缝好固定

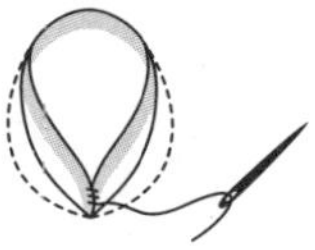

将花瓣a一点点缝到椭圆配饰和花瓣b上

❹ 完成

用蜡线制作出大小不等的6个圆圈

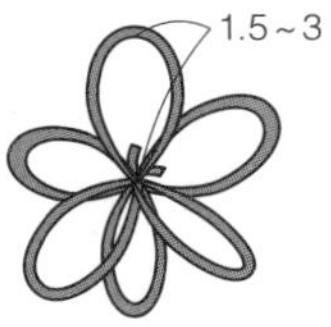

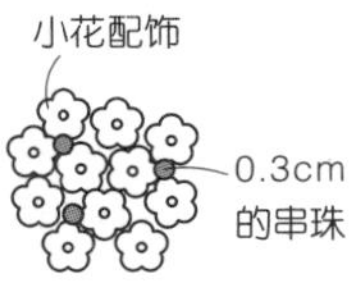

用黏合剂将0.3cm的串珠粘贴到小花配饰上

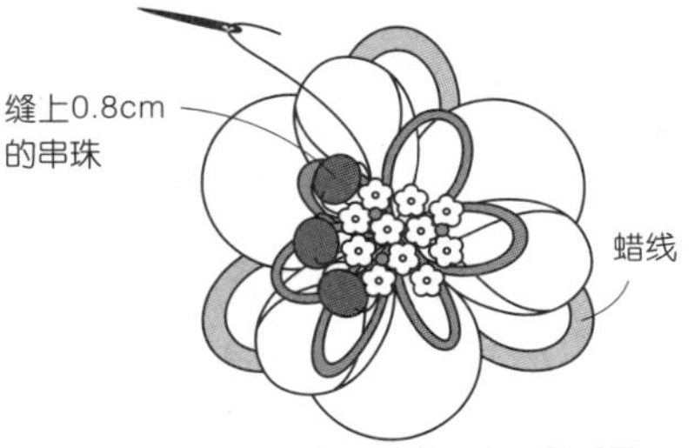

蜡线缝到钩织好的花朵上，然后用黏合剂将小花配饰粘贴到上面

缝上花饰别针

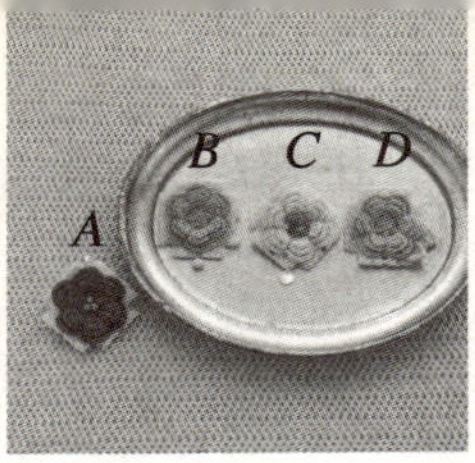

小巧的钩织花朵 实物图 P.9

成品尺寸：花朵直径5cm

材料（1朵的用量）

A（茶色）
- 中细棉线（茶色）5g
- 直径0.4cm的木质串珠 3颗

B（草绿色）
- 中细棉线（草绿色）5g
- 0.6cm × 0.8cm的椭圆珍珠串珠 1颗
- T形针 1枚
- 圆形钩 1个

C（白色）
- 中细棉线（灰白色）5g
- 宽1.3cm的纽扣 1颗
- 直径1cm 贝壳配饰 1个
- 圆形钩 1个

D（粉色）
- 中细棉线（粉色）5g
- 中细棉线（草绿色）适量

通用
- 宽3.5cm的蕾丝（白色）30cm
- 宽1.5cm的蕾丝（白色）3cm
- 花饰别针 1个
- 钩针 2/0号

做法

［完成图］

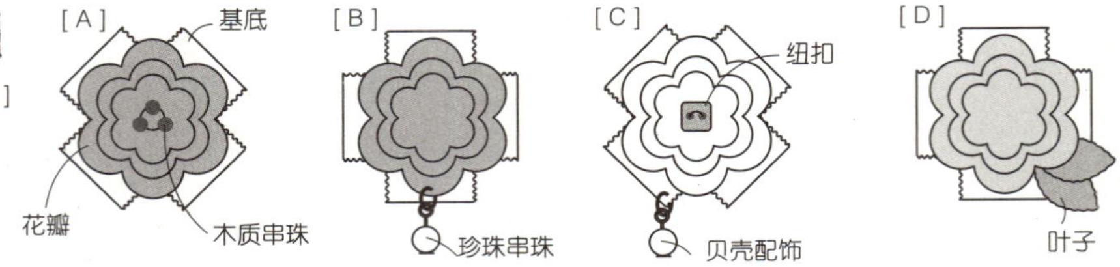

花朵

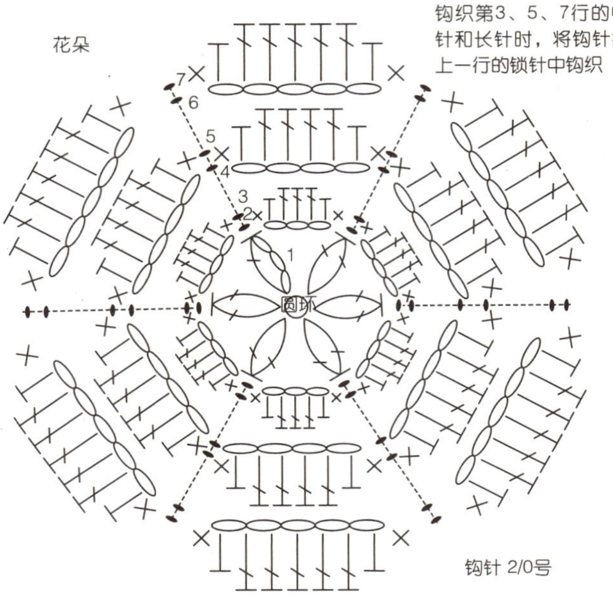

钩织第3、5、7行的中长针和长针时，将钩针插入上一行的锁针中钩织

钩针 2/0号

［仅D］
叶子

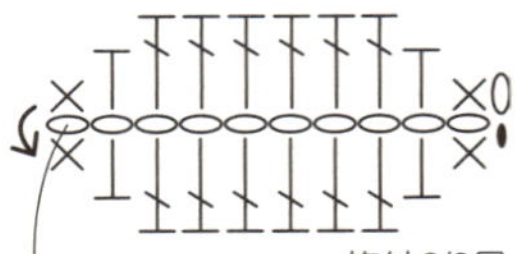

钩织起点

钩针2/0号

- ○ = 锁针
- × = 短针
- ● = 引拔针
- 长针符号 = 长针
- 中长针符号 = 中长针
- 枣形针符号 = 长针2针的枣形针

※基础针法参照P.71

❶ 钩织花朵

用棉线钩织1朵花

❷ 制作基底

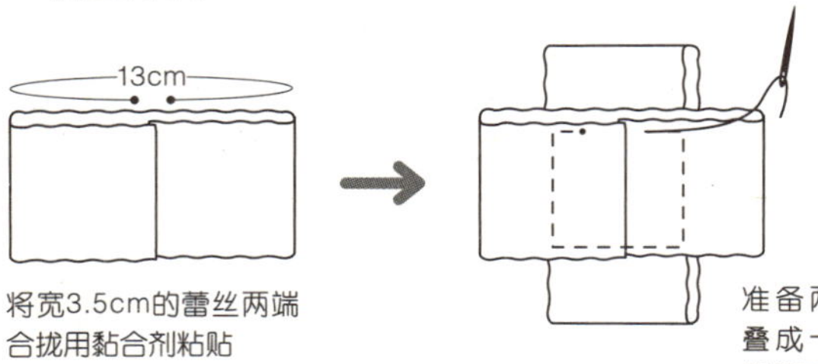

将宽3.5cm的蕾丝两端合拢用黏合剂粘贴

准备两块，重叠成十字形，缝好固定

❸ 制作配饰

［B］珍珠串珠

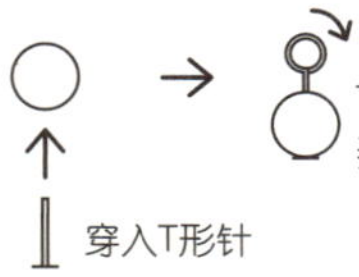

❹ 完成

［A］

基底摆放成X形，缝上花朵，最后再缝木质串珠

［B］

用圆形钩将珍珠串珠挂到花上

［C］

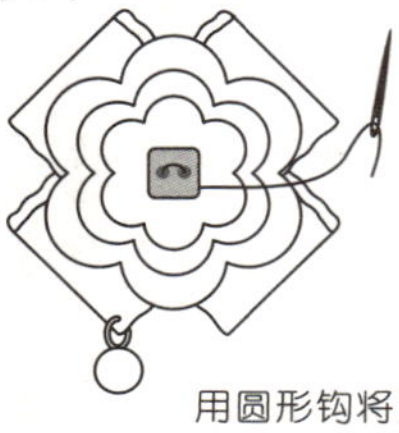

用圆形钩将贝壳配饰挂到花上

［D］

钩织好2片叶子，缝到基底上，再缝上花朵

（反面）

花饰别针缝到基底上，再用黏合剂粘贴宽1.5cm的蕾丝

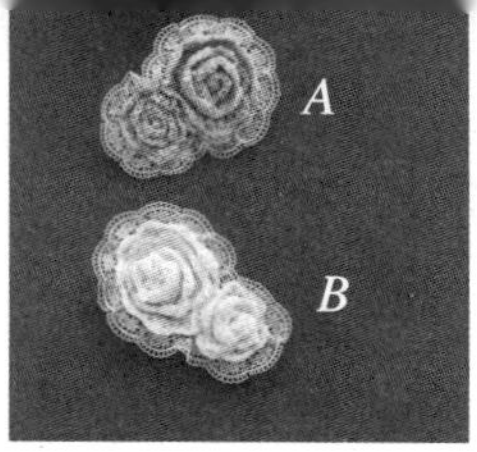

钩织卷形蔷薇　实物图 P.10

成品尺寸：花朵直径（大）6.5cm，（小）4cm

材料（1朵的用量）

- 中细花式纱线 15g
  （A：米褐色和白色混合；B：白色）
- 宽2cm的蕾丝（米褐色）40cm
- 花饰别针 3cm 1个
- 钩针 4/0号

做法

[完成图]

❶ 钩织基底、花朵（大）、花朵（小）

所有的配饰均用
花式纱线逐一钩织
钩针4/0号

基底

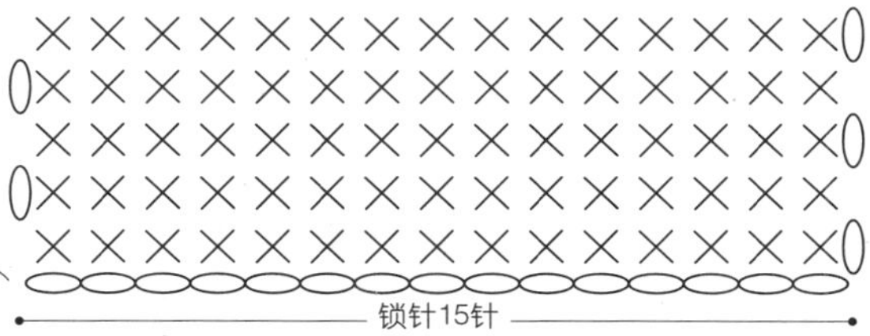

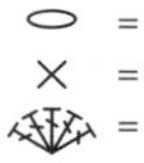

※基础针法参照P.71

花朵（小）

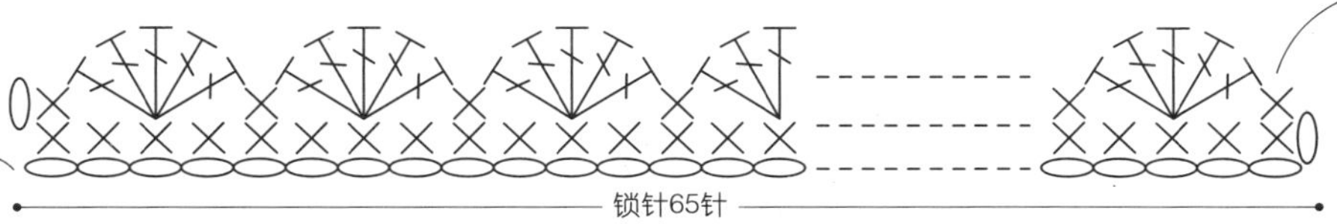

花朵（大）

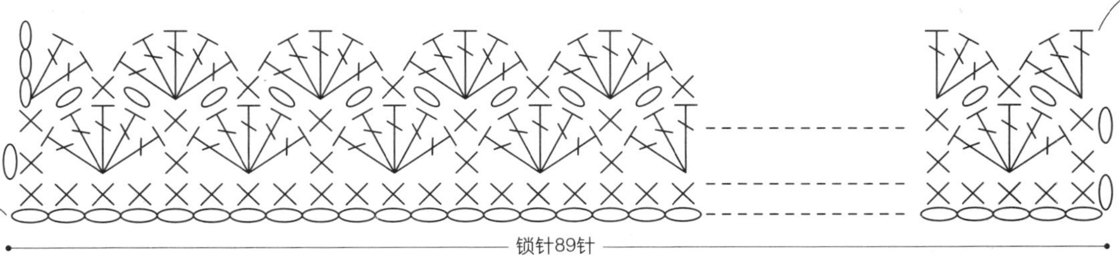

❷ 制作花朵

花朵（大）
花朵（小）

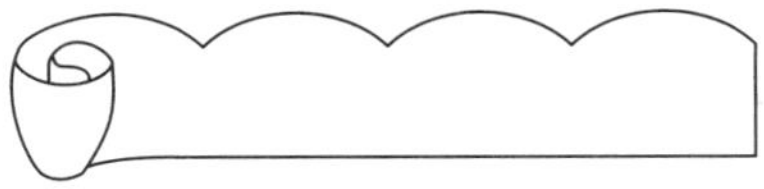

正面朝内，一边从顶端卷起缝好，一边制作出花的形状

顶端缝好固定

大的约卷4圈

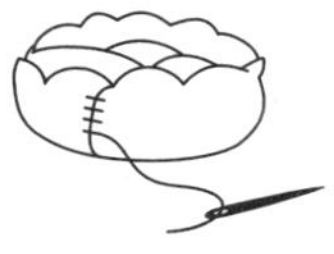

小的约卷3圈

❸ 缝合配饰

大的花朵与小的花朵缝合

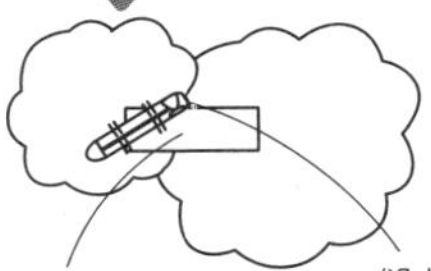

缝上基底

缝上花饰别针

❹ 完成

花朵的边缘缝上蕾丝

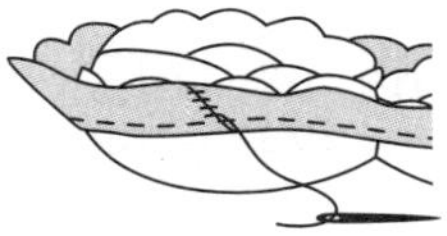

蕾丝顶端重叠卷缝

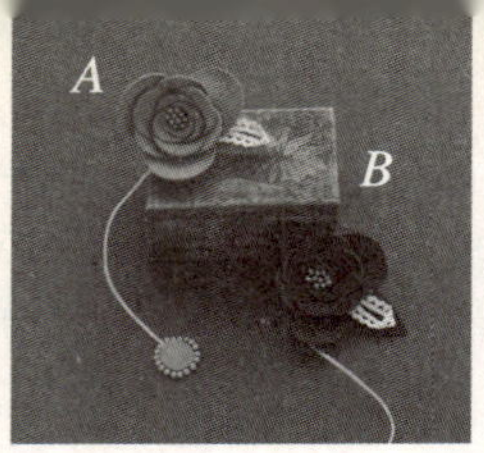

皮质蔷薇　实物图 P.11

成品尺寸：花朵直径11cm

材料（1朵的用量）

- 皮革（A：原色；B：绿色）30cm × 30cm
- 宽1.2cm的蕾丝（本白）15cm
- 宽0.2cm的布带（金色）30cm
- 棉签（金色）14根
- 饰针 4cm 1个
- 双面胶（强力型）

实物大纸样

※所有部分均需裁剪

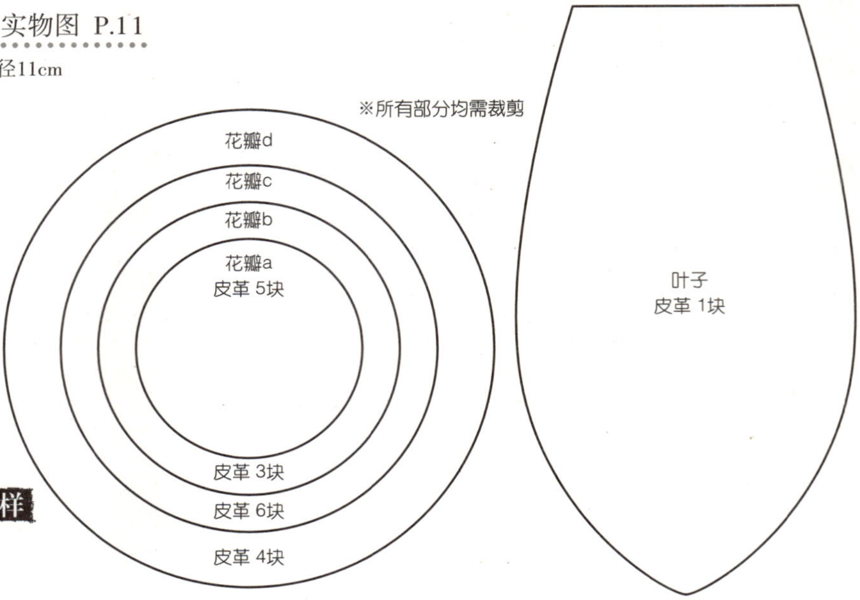

做法

[完成图]

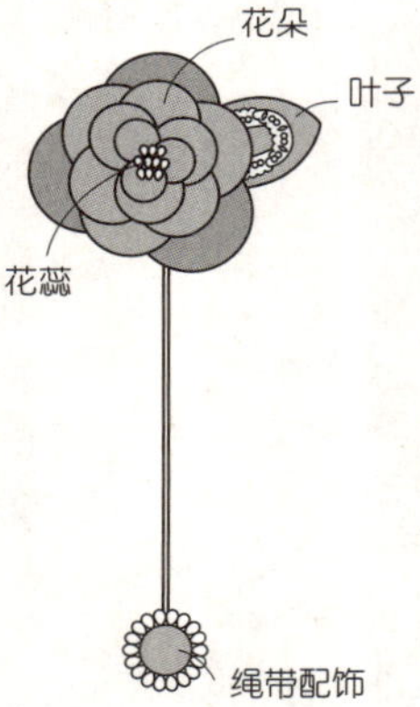

❶ 制作花蕊

对折过的棉签粘贴在双面胶上

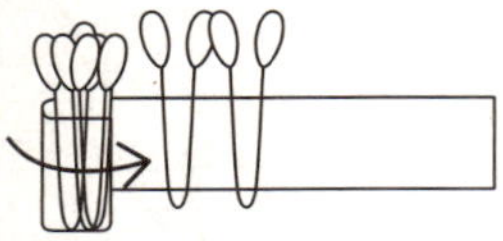

粘贴数根后，卷起双面胶。共计制作5个花蕊

❷ 制作花朵

与纸样对齐，裁剪花瓣

a处的3片花瓣稍稍重叠，包住花蕊粘贴

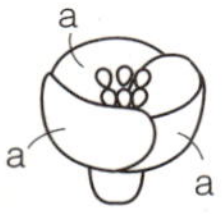

所有花瓣下方1/4处均贴上双面胶

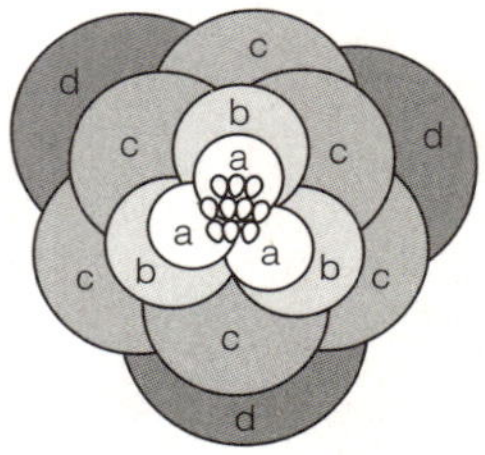

按照b→c→c→d的顺序每3片为一组，包住中心a，粘贴时内侧的花瓣相互错开

❸ 制作叶子

宽1.2cm的蕾丝对折后，两端贴上双面胶

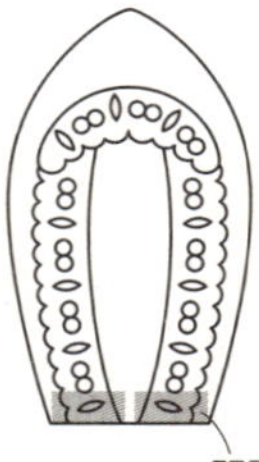

❹ 制作绳带配饰

准备两片与花瓣a尺寸相同的皮革

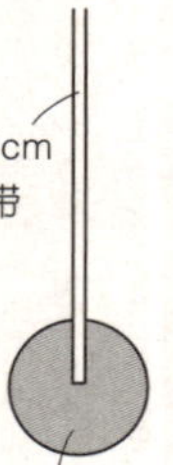

皮革的整个反面贴上双面胶，然后再缝上布带（金色）

再在整个反面贴上双面胶，盖上另一块皮革，固定

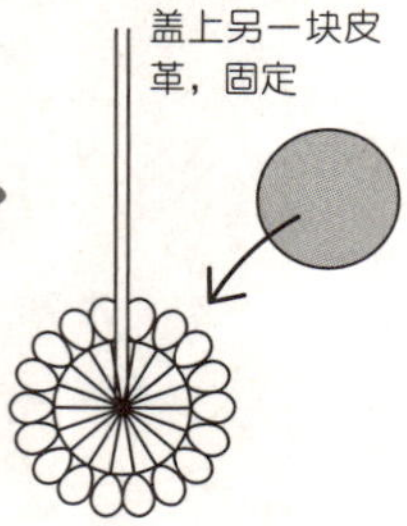

9根棉签对折后，像画圆一样间隔相等的距离粘贴好

❺ 完成

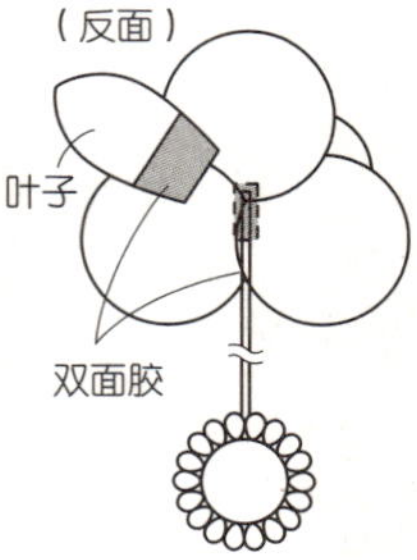

叶子和绳带配饰粘贴到花朵反面

准备1块与花瓣d同尺寸的皮革，在3个地方剪出口

像包住花朵反面一般，用双面胶粘贴固定

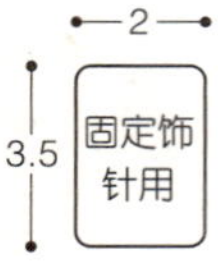

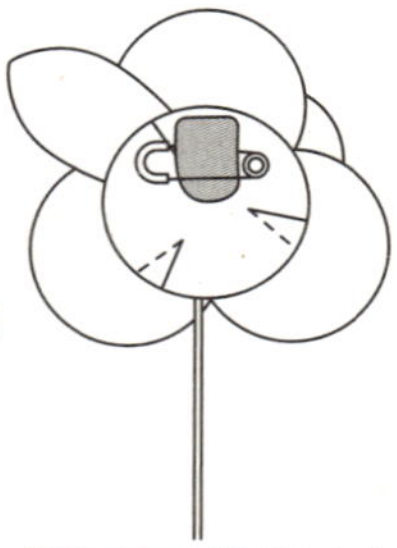

用贴有双面胶的1小块皮革固定饰针

轻柔的白花　实物图 P.12

成品尺寸：花朵直径6cm

材料

- 棉质W纱布（白色、本白）各15cm×15cm
- 棉质丝网布（本白）15cm×15cm
- 丝网布（灰白色）15cm×15cm
- 玻璃纱（灰白色）15cm×15cm
- 宽0.5cm的丝带（本白）50cm
- 宽0.5cm的蕾丝（白色、本白）各50cm
- 2cm×16cm的晶状配饰 1个
- 直径0.8cm的带钩人造水钻 1颗
- 1.3cm的淡水珍珠 1颗
- 直径3cm带回形针的饰针底 1个

做法

[完成图]

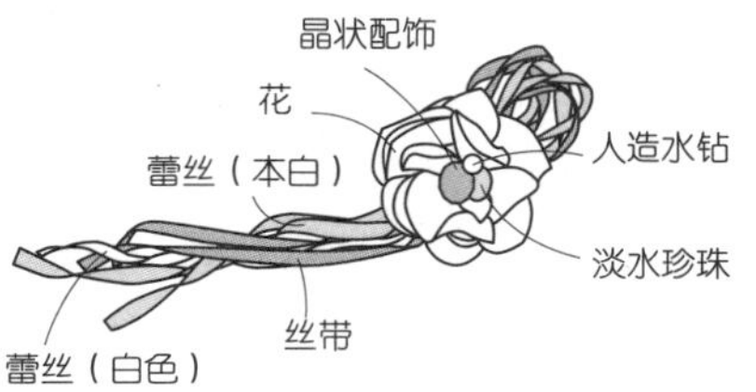

实物大纸样

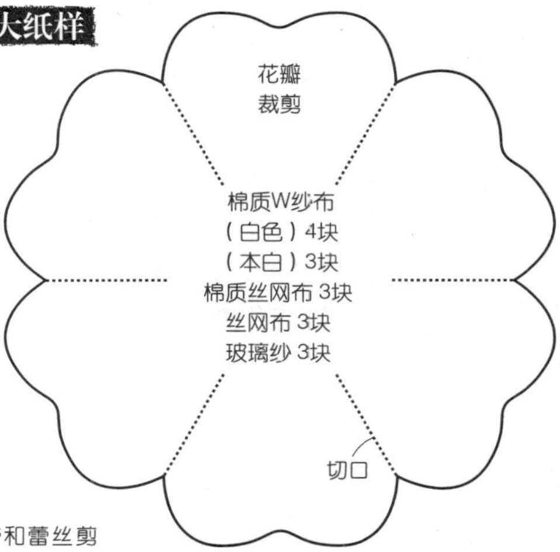

❶ 制作花朵

与纸样对齐，裁剪布料，制作花朵

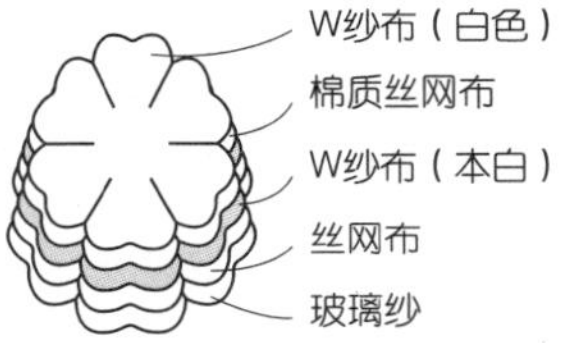

花瓣的中心涂上黏合剂粘贴，同时将所有的花瓣重叠

黏合剂干透后，用手揉捏花瓣顶端，使其绽开

❷ 制作花蕊

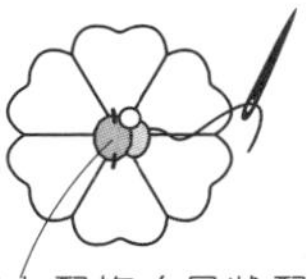

缝上配饰（晶状配饰、人造水钻），用黏合剂粘贴淡水珍珠

❸ 完成

分别将丝带和蕾丝剪开绑好，顶端绕成圆环，用黏合剂粘贴饰针底

花朵与饰针底的中心对齐，用黏合剂粘好

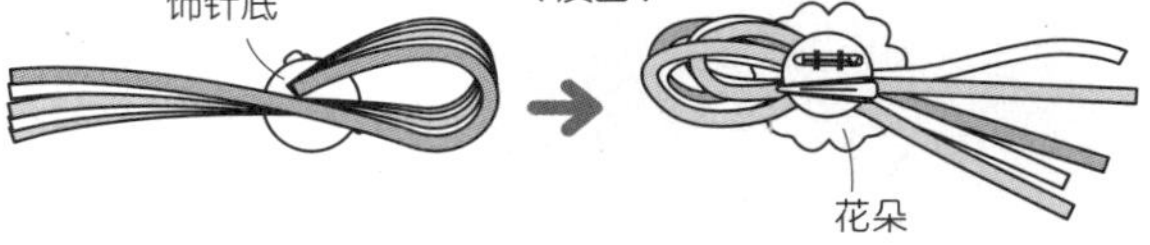

白色花朵的发夹　实物图 P.12

成品尺寸：花朵直径4.5cm

材料

- 花纹棉布（本白）5cm×15cm
- 棉质W纱布（本白）5cm×15cm
- 棉布（本白）5cm×15cm
- 长4.5cm的人造花用叶子（米褐色）2片
- 直径0.3cm的珍珠串珠 1颗
- 直径0.4cm的珍珠串珠 1颗
- 天然石串珠（水晶）1颗
- 金属配饰（叶片状）1片
- 链子 2cm
- T形针 3枚
- 圆形钩 2个
- 带金属台的发夹 1个

做法

[完成图]

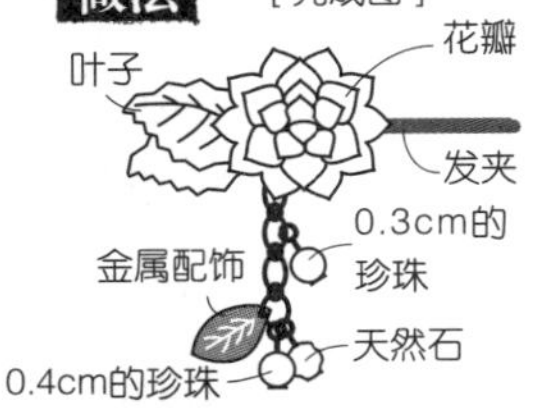

实物大纸样

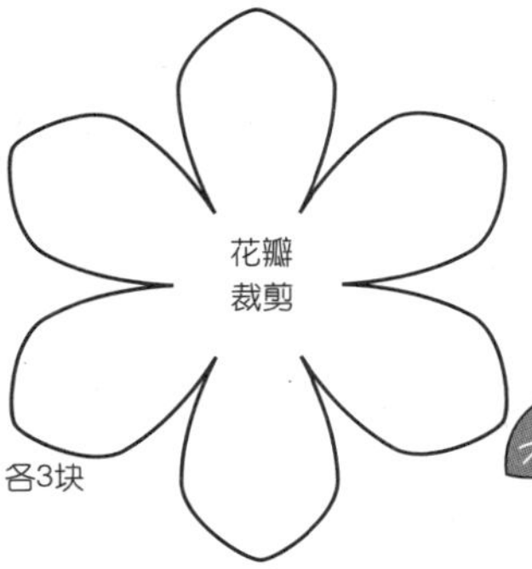

花纹棉布
棉质W纱布
棉布
各3块

❶ 制作花朵

与纸样对齐，裁剪布料，制作花朵

花瓣的中心涂上黏合剂，同时按顺序重叠粘贴

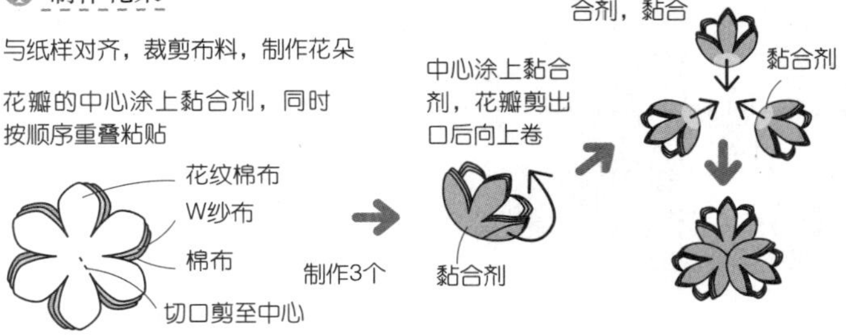

❷ 制作悬挂的配饰

用T形针将0.3cm的珍珠串珠和两环链扣相连

0.4cm的珍珠串珠穿入T形针中，再将天然石串珠挂到圆形钩上，金属配饰也穿入圆形钩中。之后挂到下面的链扣上

❸ 完成

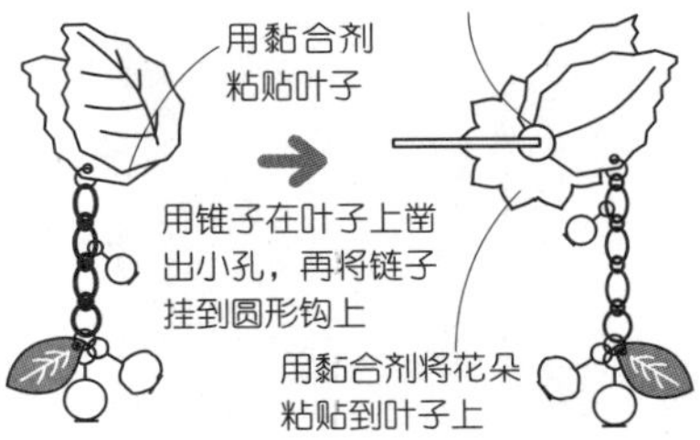

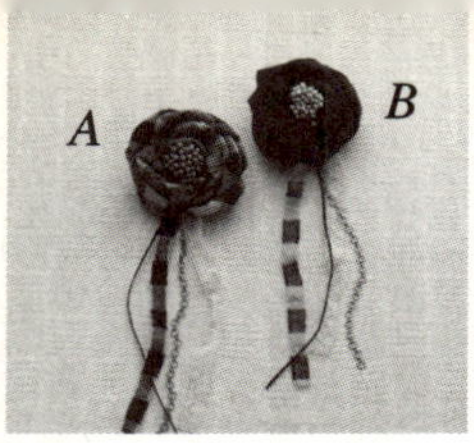
A
B

优雅时尚的大蔷薇　实物图 P.13

成品尺寸：花朵直径12cm

材料（1朵的用量）

- 亚麻布（A：方格；B：巧克力灰）110cm × 30cm
- 棉签（A：金色；B：银色）20根
- 链子（A：金色；B：银色）30cm
- 宽2cm的蕾丝（本白）30cm
- 宽0.3cm的皮革带（黑色）30cm
- 不织布（藏青色）10cm × 10cm
- 花饰别针 7cm 1个
- 双面胶
- 亚麻布（仅B：方格）30cm × 2cm

做法

[完成图]

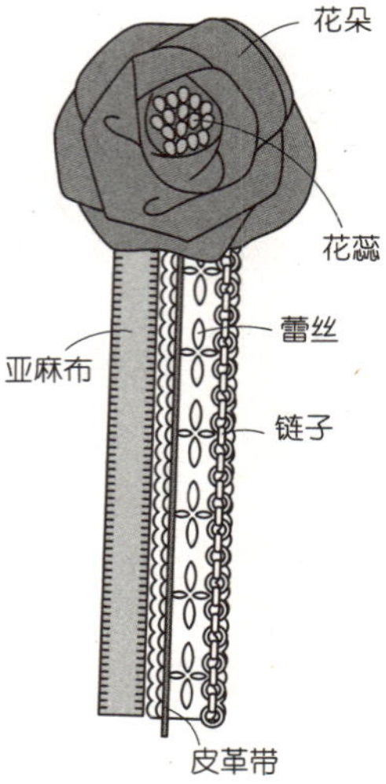
花朵
花蕊
蕾丝
亚麻布
链子
皮革带

❶ 制作花朵

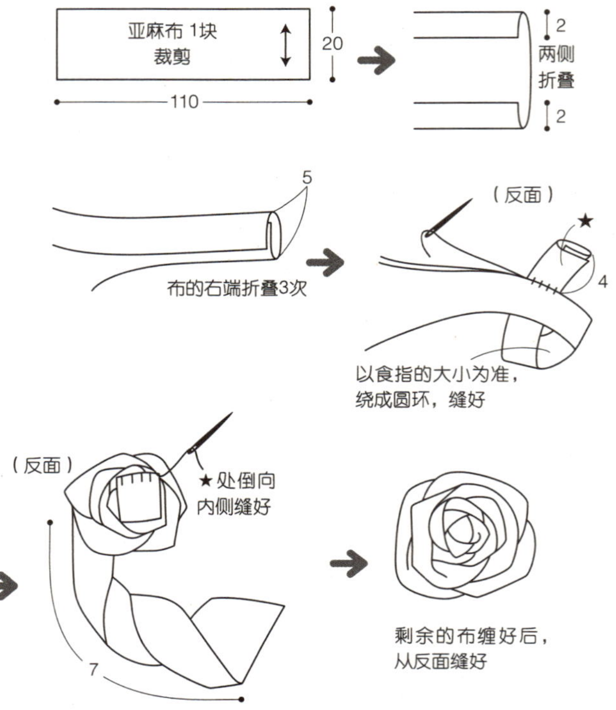
亚麻布 1块
裁剪
20
110
2
两侧
折叠
2
5
布的右端折叠3次
（反面）
★
4
以食指的大小为准，
绕成圆环，缝好
（正面）
将布拧紧。一边缠中心，
一边缝好
（反面）
★处倒向
内侧缝好
7
剩余的布缠好后，
从反面缝好

❷ 制作花蕊

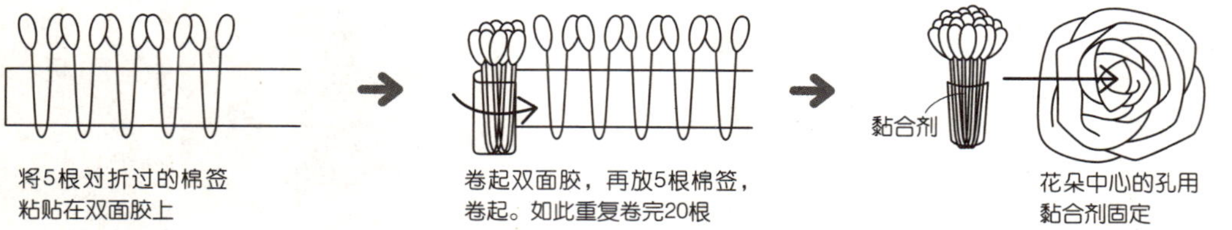
将5根对折过的棉签
粘贴在双面胶上
卷起双面胶，再放5根棉签，
卷起。如此重复卷完20根
黏合剂
花朵中心的孔用
黏合剂固定

❸ 完成

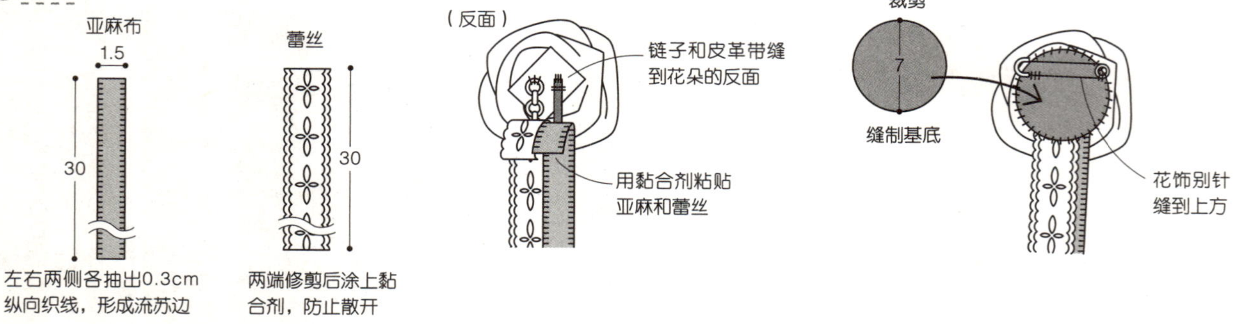
亚麻布
1.5
30
左右两侧各抽出0.3cm
纵向织线，形成流苏边
蕾丝
30
两端修剪后涂上黏
合剂，防止散开
（反面）
链子和皮革带缝
到花朵的反面
用黏合剂粘贴
亚麻和蕾丝
不织布 1块
裁剪
7
缝制基底
花饰别针
缝到上方

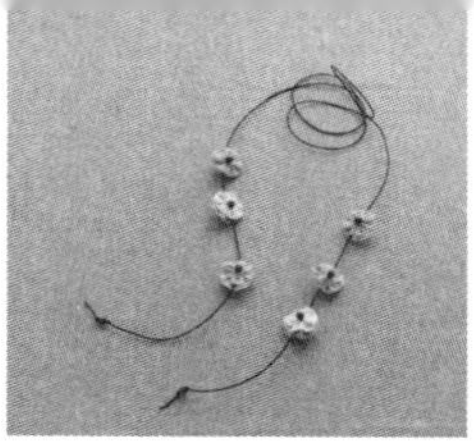

小花链饰　实物图 P.14

成品尺寸：花朵直径2.5cm

材料

- 亚麻布（白色、蓝色）各18cm×10cm
- 直径0.1cm的皮革带（黑色）150cm
- 直径0.6cm的木质串珠 14颗
- 铁丝 28号（白色）1根

做法

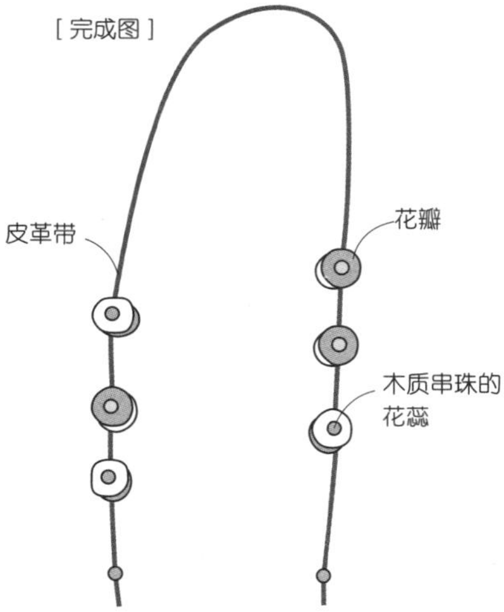
[完成图]
皮革带
花瓣
木质串珠的
花蕊

❶ 制作花瓣

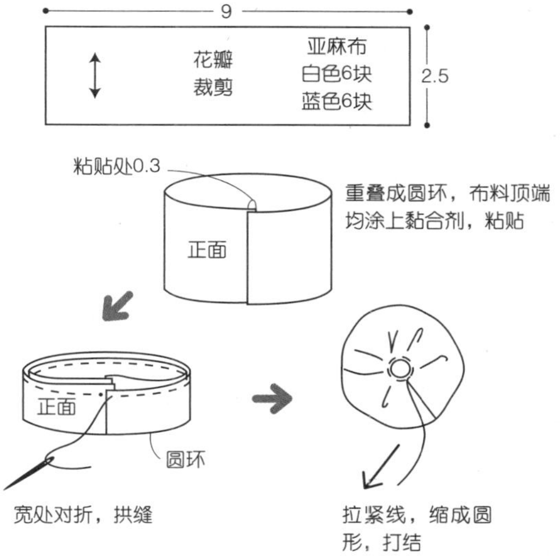
9
2.5
花瓣
裁剪
亚麻布
白色6块
蓝色6块
粘贴处0.3
重叠成圆环，布料顶端均涂上黏合剂，粘贴
正面
正面
圆环
宽处对折，拱缝
拉紧线，缩成圆形，打结

❷ 制作花蕊

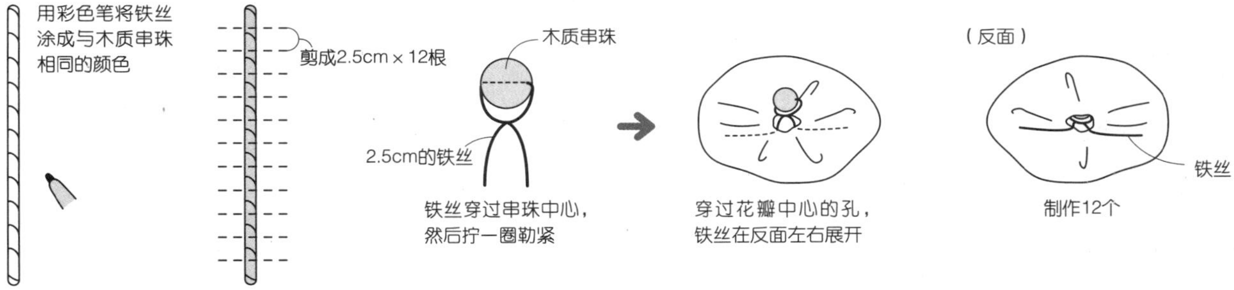
用彩色笔将铁丝涂成与木质串珠相同的颜色
剪成2.5cm×12根
木质串珠
2.5cm的铁丝
铁丝穿过串珠中心，然后拧一圈勒紧
穿过花瓣中心的孔，铁丝在反面左右展开
（反面）
铁丝
制作12个

❸ 完成

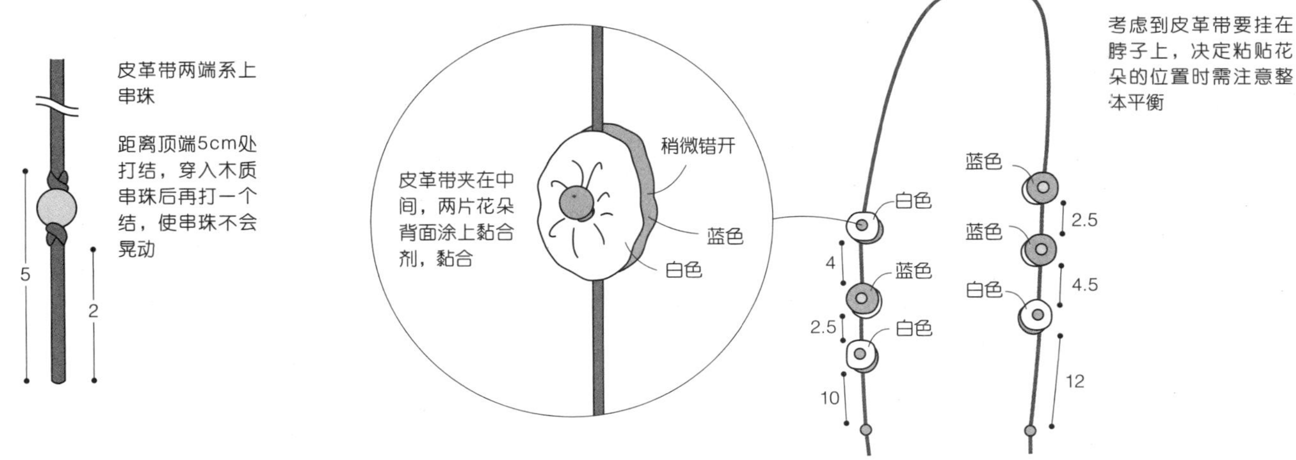
皮革带两端系上串珠
距离顶端5cm处打结，穿入木质串珠后再打一个结，使串珠不会晃动
5
2
皮革带夹在中间，两片花朵背面涂上黏合剂，黏合
稍微错开
蓝色
白色
考虑到皮革带要挂在脖子上，决定粘贴花朵的位置时需注意整体平衡
蓝色
蓝色
白色
白色
蓝色
白色
2.5
4.5
12
4
2.5
10

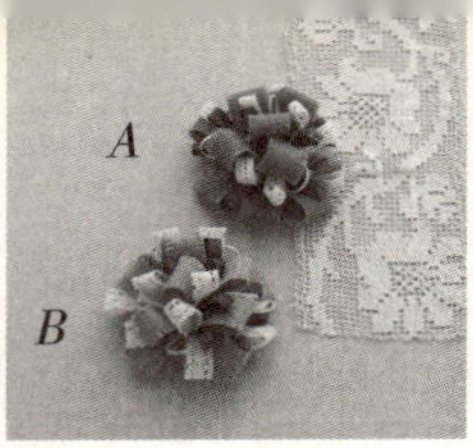

粗麻布花饰 实物图 P.15

成品尺寸：花朵直径12cm

材料（1朵的用量）

A（绿色）

- 粗织麻布（绿色）60cm×15cm
- 宽1.4cm的蕾丝（本白）150cm
- 宽1cm的斜裁布条（绿色）120cm
- 不织布（绿色）10cm×10cm

B（茶色）

- 粗织麻布（米褐色）60cm×15cm
- 宽2cm的蕾丝（本白）150cm
- 宽1cm的斜裁布料（茶色）120cm
- 不织布（米褐色）10cm×10cm

通用

- 宽0.2cm的布带（金色）100cm
- 手工棉 适量
- 花饰别针 4cm 1个

斜裁布条的制作方法

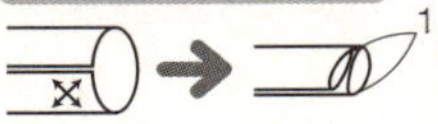

做法

[完成图]

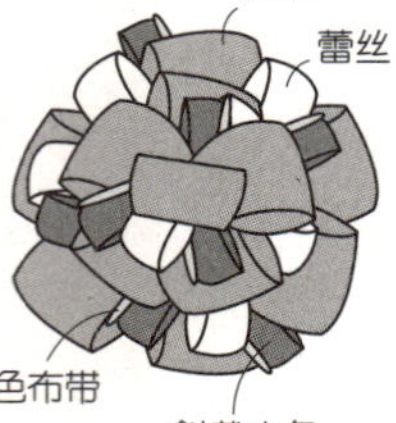

❶ 制作花瓣

裁剪时注意麻布织纹的平直

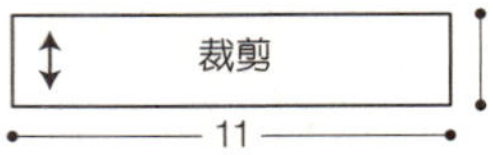

蕾丝 长11cm×10条
斜裁布条 长10cm×10条
金色布带 长11cm×6条

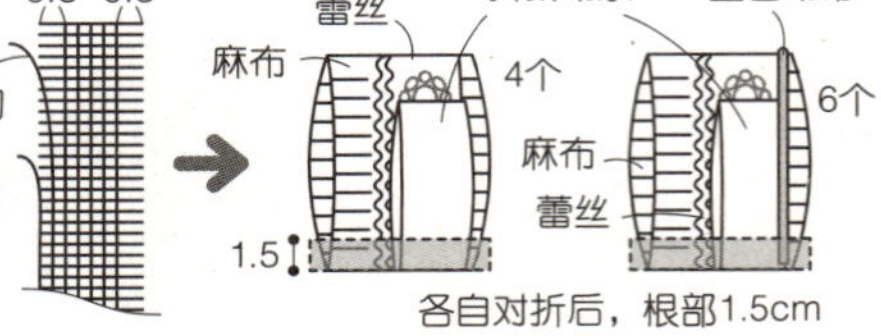

各自对折后，根部1.5cm处涂上黏合剂固定

❷ 制作花朵

将10片花瓣叠加在一起，注意平衡

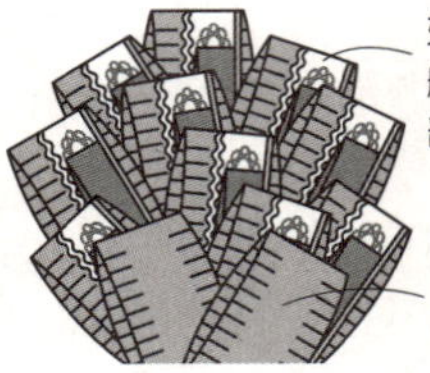

❸ 完成

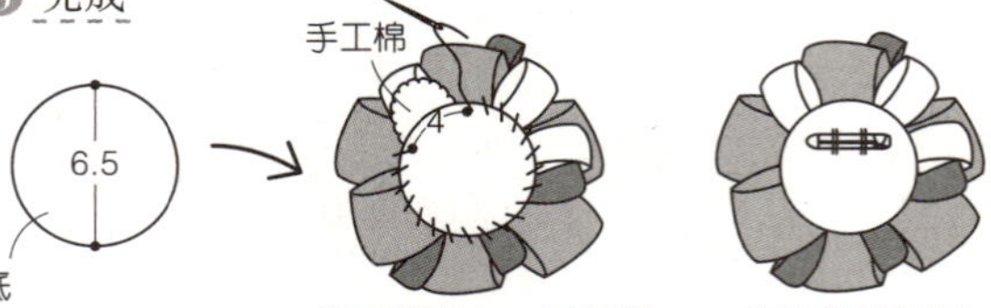

基底
不织布
1块

基底留出4cm后卷缝上花朵，塞入少许手工棉，卷缝到最后

花饰别针缝到上方

锁针钩织的花朵 实物图 P.6

成品尺寸：花朵直径7.5cm

材料（1朵的用量）

A（皮革花朵）

- 中细棉线（白色）5g
- 粗棉线（米褐色）适量
- 宽0.3cm的皮革带（焦茶色）15cm
- 宽0.2cm的皮革带（茶色）15cm
- 直径3cm带回形针的饰针底 1个

B（蕾丝花朵）

- 中细棉线（茶色）5g
- 粗棉线（白色）适量
- 宽0.5cm的蕾丝（米褐色）30cm
- 直径3cm带回形针的饰针底 1个

- 钩针 2/0号、7/0号

❶ 钩织基底花和花瓣

用粗棉线钩织1朵基底花
A：米褐色；B：白色
用中细棉线钩织3片花瓣
A：白色；B：米褐色

做法

[完成图]

基底花

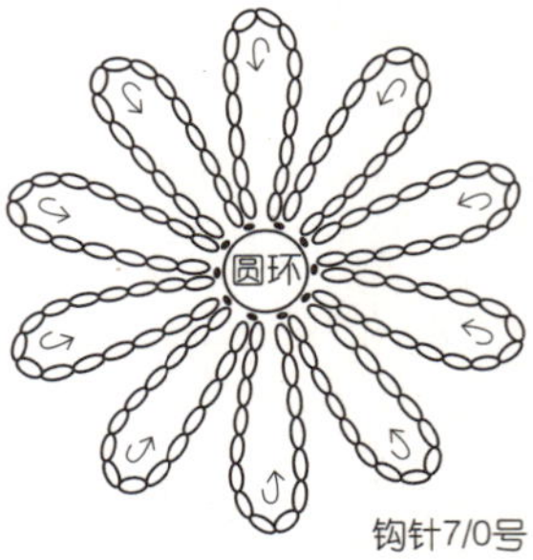

花瓣

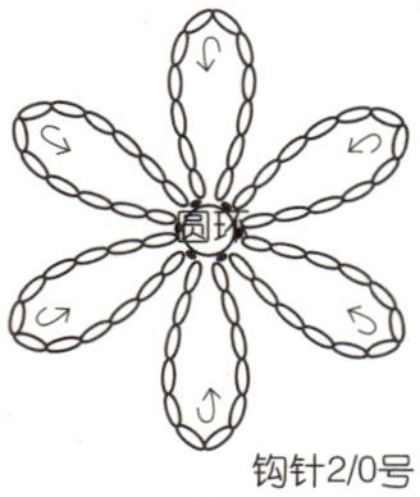

= 锁针
= 引拔针

※基础针法参照P.71

❷ 制作花蕊

制作B时，将蕾丝剪成6条，对折后缝到中心

制作A时，将2种皮革带各绕成3个圆环，再缝好

❸ 完成

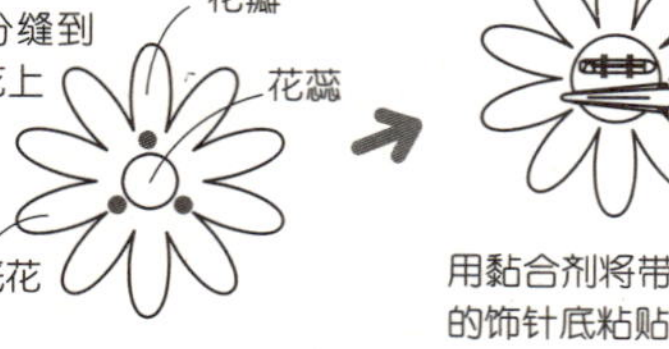

用黏合剂将带回形针的饰针底粘贴到反面

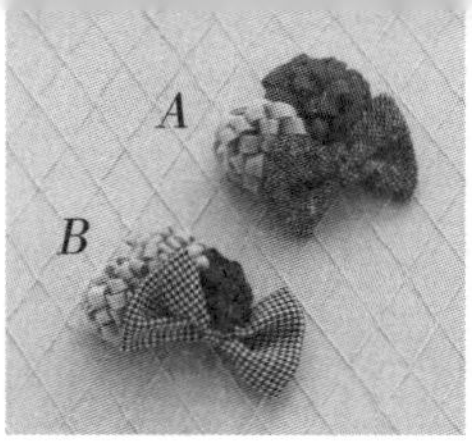

温暖的不织布花束　实物图 P.16

成品尺寸：红色8cm × 10cm　蓝色7cm × 12cm

材料（1朵的用量）

A（红色）
- 不织布（红色、粉褐色）各10cm × 20cm
- 羊毛料（苏格兰毛料）25cm × 15cm
- 花饰别针 3cm 1个

B（蓝色）
- 不织布（米褐色、蓝色、茶色）各8cm × 20cm
- 羊毛料（千鸟格）25cm × 15cm
- 花饰别针 3cm 1个

做法

[完成图]

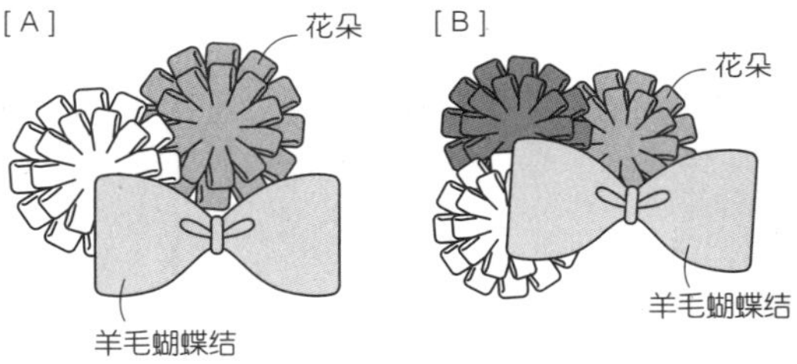

实物大纸样

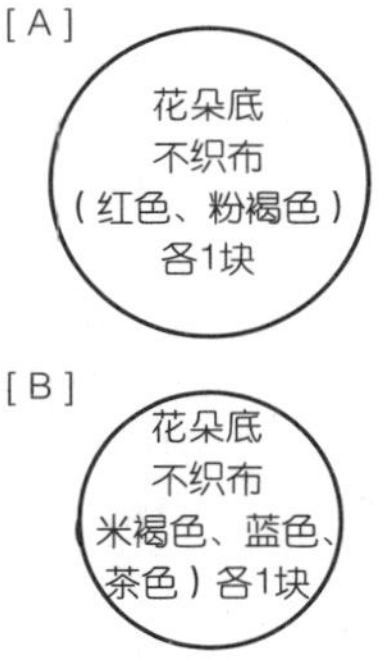

❶ 制作花瓣

不织布对折后剪出口，制作26片花瓣

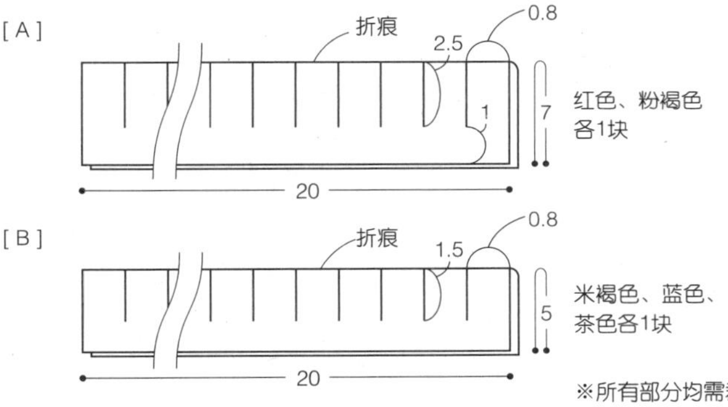

※所有部分均需裁剪

❷ 制作花朵

折痕朝上卷起来

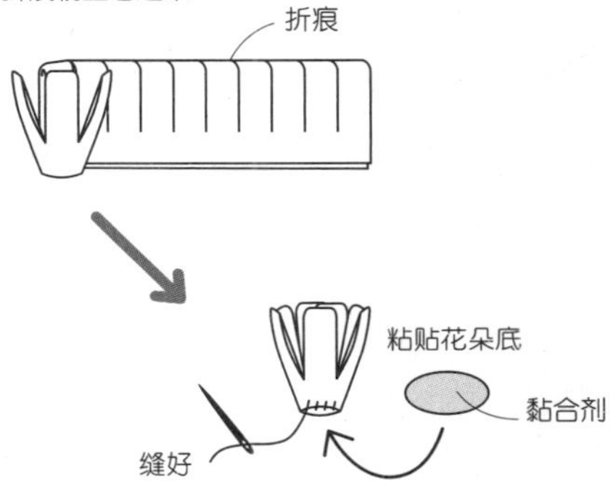

❸ 制作蝴蝶结

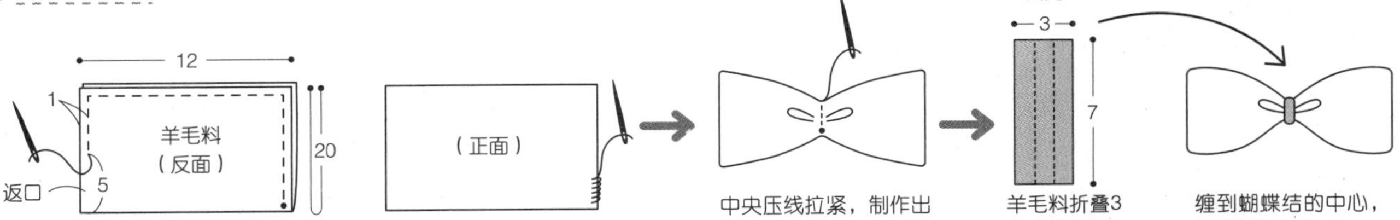

料子对折，留出返口后拱缝

翻到正面，卷缝返口

中央压线拉紧，制作出蝴蝶结的形状

羊毛料折叠3次成绳带状

缠到蝴蝶结的中心，反面缝好固定

❹ 完成

花朵和蝴蝶结配置好后，各自缝合

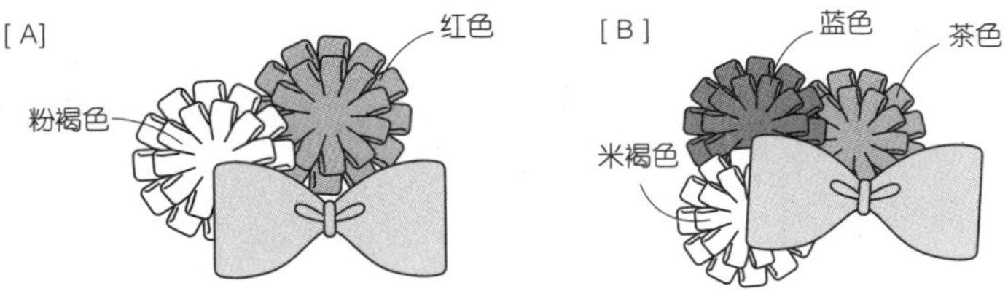

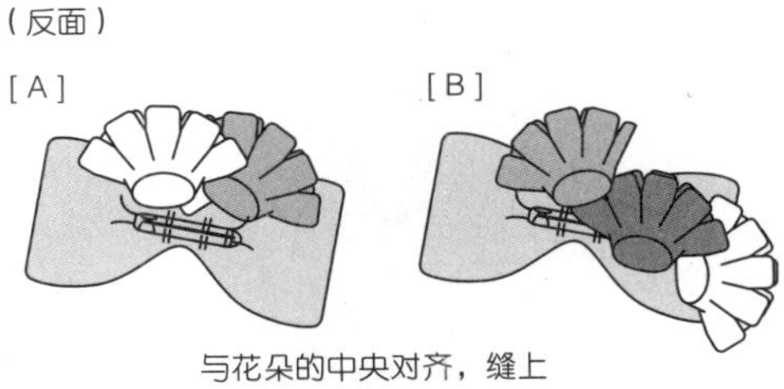

与花朵的中央对齐，缝上蝴蝶结和花饰别针

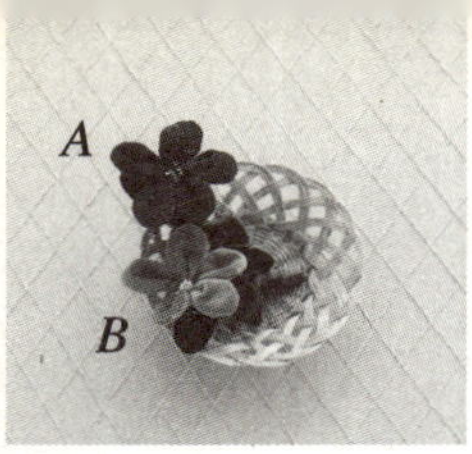
A
B

天鹅绒紫罗兰 实物图 P.17

成品尺寸：14cm × 8cm

材料（1朵的用量）

- 天鹅绒布料（A：酒红色；B：紫罗兰色）15cm × 25cm
- 天鹅绒布料（绿色，结实不易散开型）15cm × 5cm
- 棉签（A：黄色、茶色；B：黄色、白色）各5根
- 宽2.5cm的天鹅绒带（A：紫色；B：灰色）20cm
- 铁丝 28号 2根
- 造花用胶条（绿色）适量
- 花饰别针 3cm 1个

实物大纸样

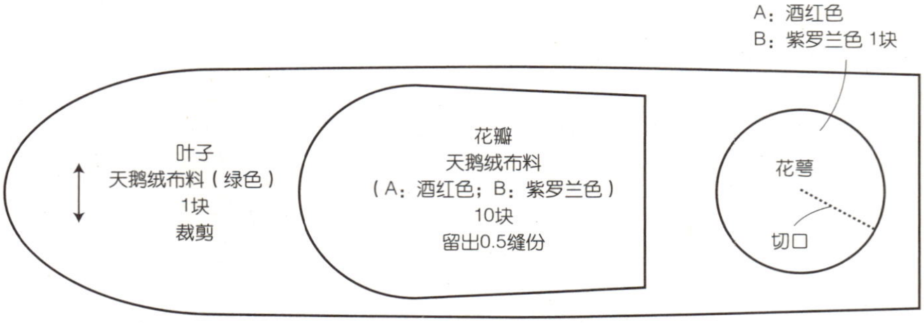
A：酒红色
B：紫罗兰色 1块
叶子
天鹅绒布料（绿色）
1块
裁剪
花瓣
天鹅绒布料
（A：酒红色；B：紫罗兰色）
10块
留出0.5缝份
花萼
切口

做法 ［完成图］

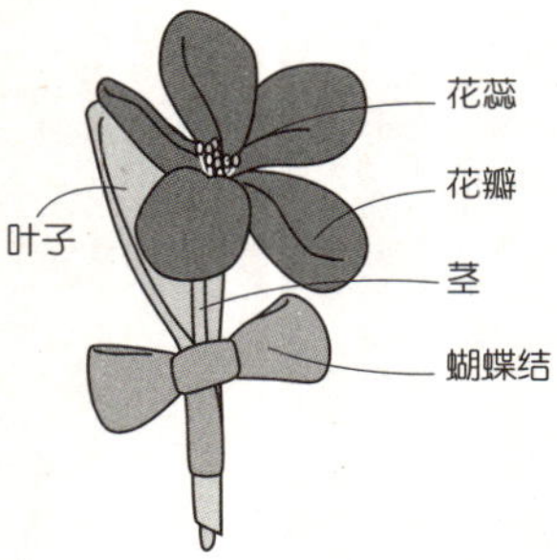
花蕊
花瓣
叶子
茎
蝴蝶结

❶ 制作花瓣

与纸样对齐，裁剪花瓣

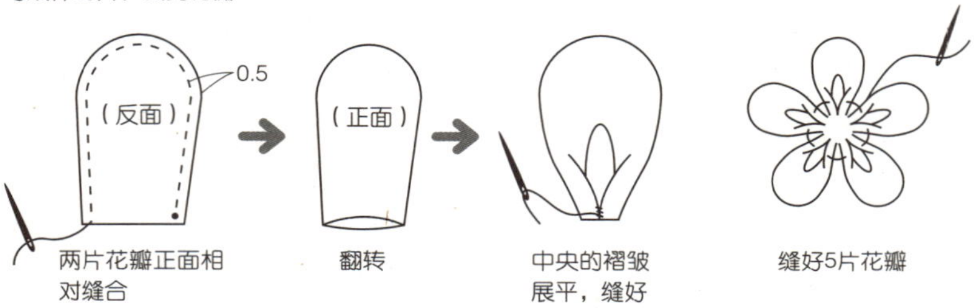
0.5
（反面）
（正面）
两片花瓣正面相对缝合
翻转
中央的褶皱展平，缝好
缝好5片花瓣

❷ 制作花蕊

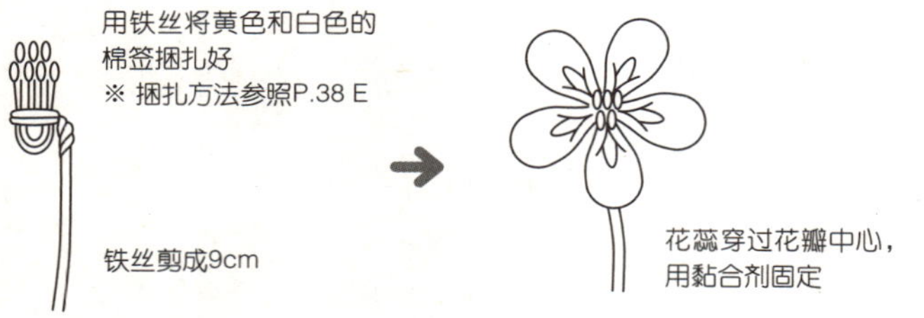
用铁丝将黄色和白色的棉签捆扎好
※ 捆扎方法参照P.38 E
铁丝剪成9cm
花蕊穿过花瓣中心，用黏合剂固定

❸ 制作茎

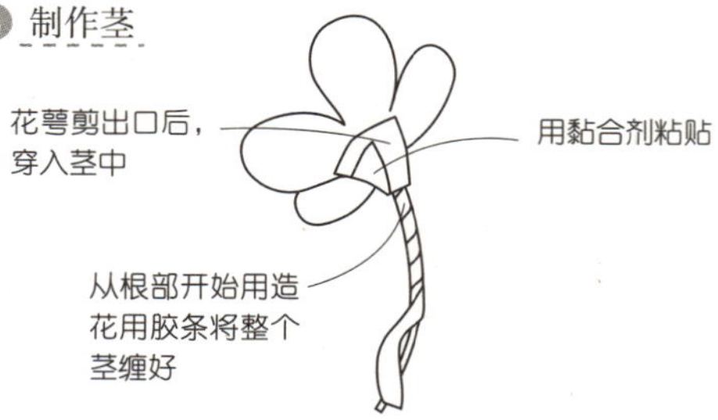
花萼剪出口后，穿入茎中
用黏合剂粘贴
从根部开始用造花用胶条将整个茎缠好

❹ 制作叶子

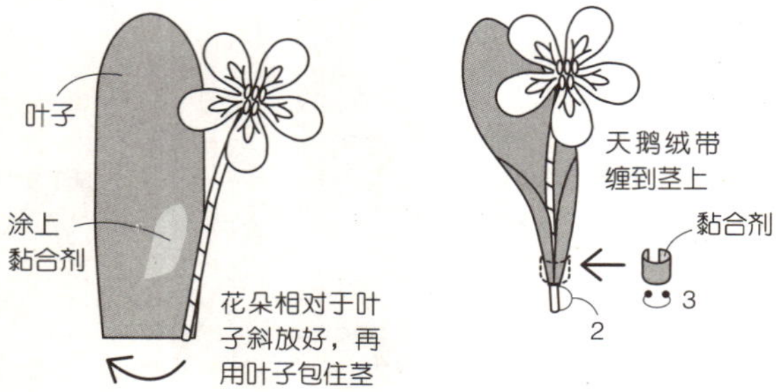
叶子
涂上黏合剂
花朵相对于叶子斜放好，再用叶子包住茎
天鹅绒带缠到茎上
黏合剂
3
2

❺ 加上蝴蝶结

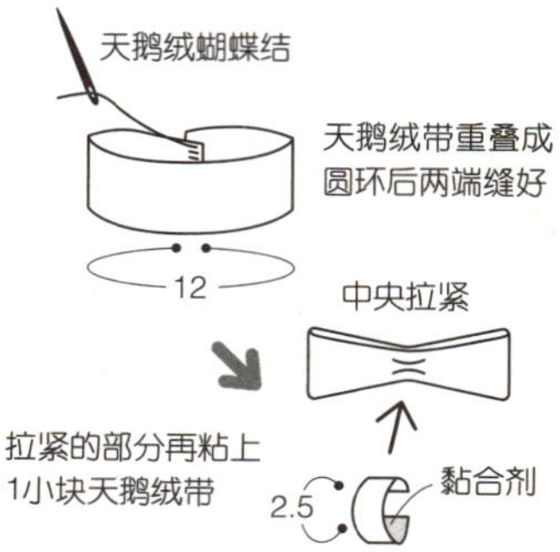
天鹅绒蝴蝶结
天鹅绒带重叠成圆环后两端缝好
12
中央拉紧
拉紧的部分再粘上1小块天鹅绒带
2.5
黏合剂

❻ 完成

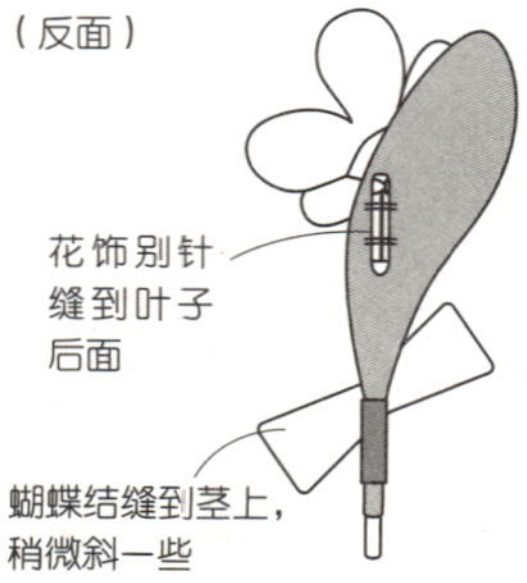
（反面）
花饰别针缝到叶子后面
蝴蝶结缝到茎上，稍微斜一些

复古花束饰针　实物图 P.19

成品尺寸：12.5cm×10cm

材料

- 三角形蕾丝（白色）13cm×26cm
  ※或者将花边墙纸、手绢对折成三角形使用也可以
- 宽3.8cm的缎带（白色）25cm
- 宽2cm的蕾丝（白色）20cm
- 8cm×5cm的羊毛蕾丝（奶油色）1块
- 布质人造花（灰白色）3朵
- 长8cm的叶子（人造）1片
- 印有英文字母的纸 8cm×8cm（剪下的书、杂志或者印刷文字）
- 直径0.4cm带金属台的人工水钻 1颗
- 直径2.5cm 带回形针的莲蓬饰针底 1个

做法

[完成图]

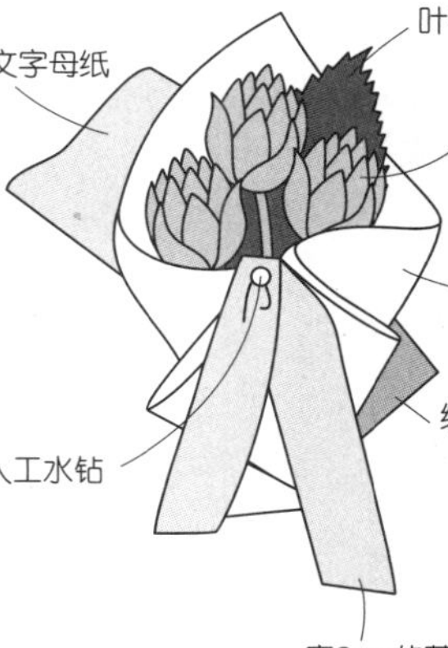

❶ 准备材料

用咖啡浸染两种蕾丝和缎带。※浸染方法参照P.40
宽2cm的蕾丝浸泡5分钟

[三角形蕾丝]

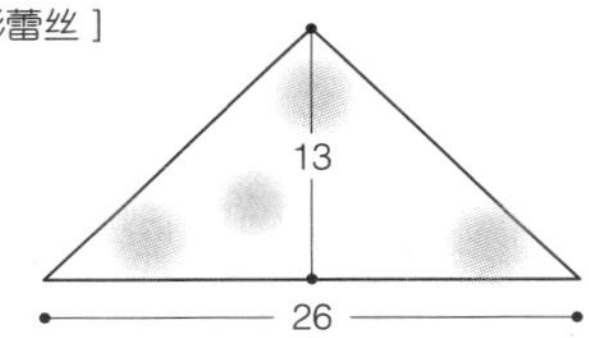

晾干后，用棉棒在三四个地方涂抹出咖啡印迹。放置5分钟后，用水冲洗晾干

[英文字母纸]

折出斜斜的折痕，并涂上黏合剂

纸的边缘用浸泡过咖啡的棉棒上色

[人造花]

棉棒浸入咖啡中，然后在人造花上染色

※液体过多的话，人造花的糨糊会脱落

整体着色后，花瓣的边缘再用棉棒描上一层深色，渲染出复古风格
※反向勾勒，晾干后颜色更漂亮
※鉴于咖啡会滴到地板上，建议在室外或浴室晾干

❷ 制作基底

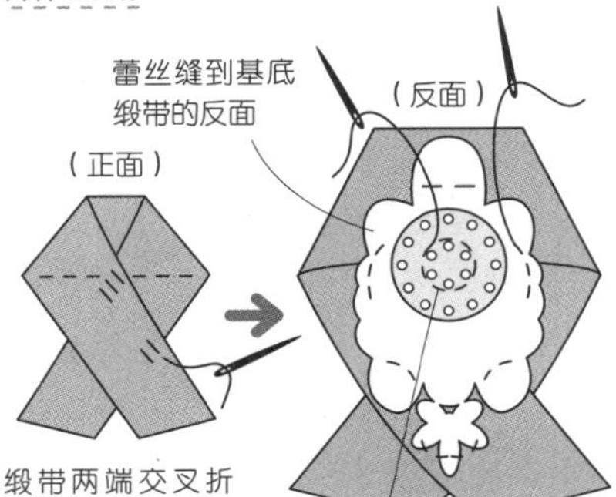

蕾丝缝到基底缎带的反面

缎带两端交叉折叠，在四五个地方从反面缝好

莲蓬饰针底莲蓬台的部分暂时缝到蕾丝上，然后用黏合剂将莲蓬台粘好

❸ 组合图案

英文字母纸、三角形蕾丝、人造花放到基底上，注意整体平衡

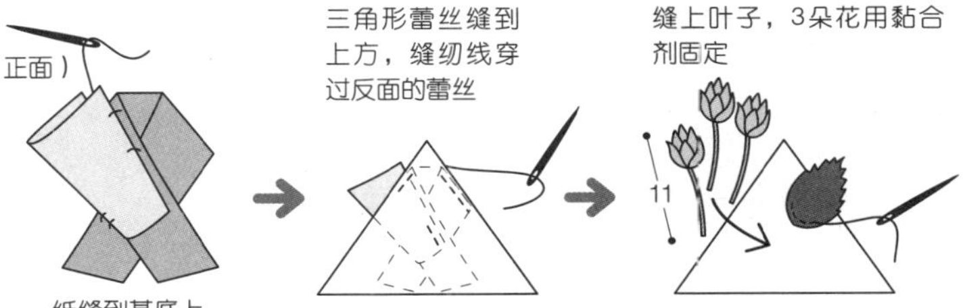

纸缝到基底上

三角形蕾丝缝到上方，缝纫线穿过反面的蕾丝

缝上叶子，3朵花用黏合剂固定

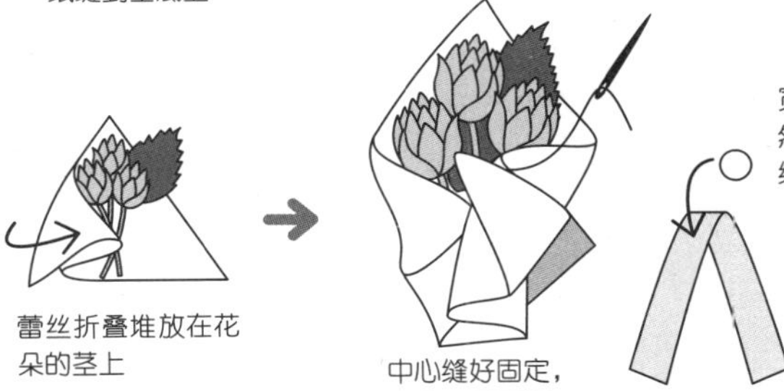

蕾丝折叠堆放在花朵的茎上

中心缝好固定，注意不要弄坏

宽2cm的蕾丝对折，然后与人工水钻一同缝到花束的中心

饰针插到反面的莲蓬台中

棉质和丝网制作的华丽花饰 实物图 P.20

成品尺寸：花朵直径6.5cm

材料（1朵的用量）

- 棉布（A：焦茶色；B：粉色）25cm×25cm
- 丝网布（A：焦茶色；B：粉色）15cm×20cm
  ※布料先浆洗，浆洗方法参照P.36 A
- 宽3.5cm的粗纹绸带（A：灰色；B：米褐色）20cm
- 蔷薇花蕊棉签a（A：黑色；B：焦茶色）8根
- 棉签b（A：黑色；B：米褐色）15根
- 绒毛棉签c（白色）1根
- 长6cm的叶子（人造）2片
- 直径1cm的果实（人造）3个
- 长4cm的羽毛 1片
- 铁丝 26号 1根
- 直径3cm带回形针的饰针底 1个

实物大纸样

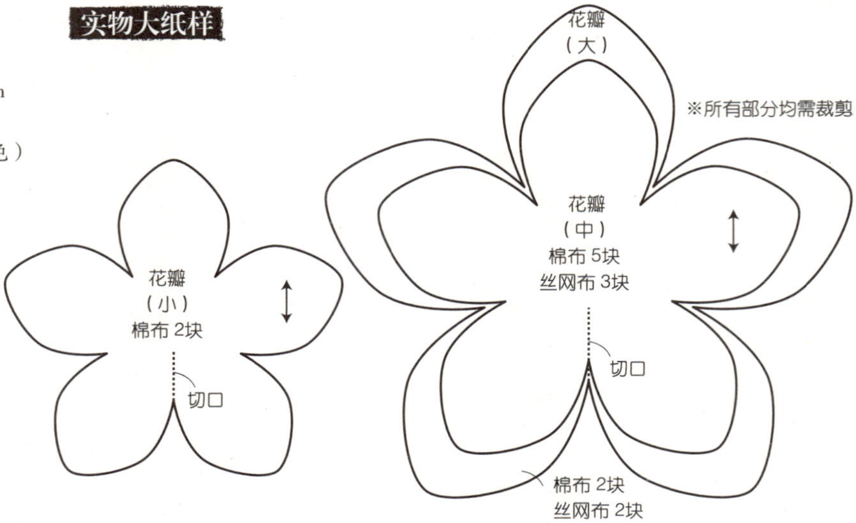

做法

[完成图]

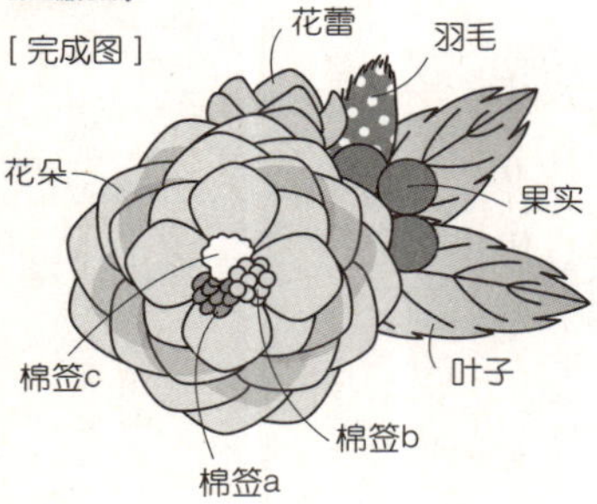

❶ 制作花瓣

与纸样对齐，裁剪大、中、小三种花瓣

❷ 制作花蕊

用铁丝将3种棉签绑好
※捆扎方法参照P.38 E

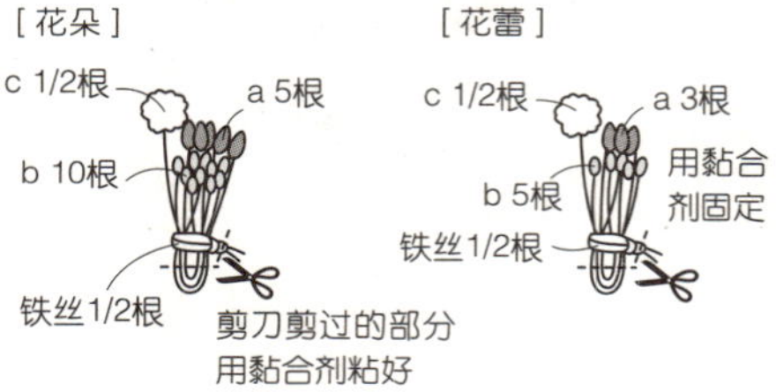

❸ 制作花朵

[花朵]

丝网布花瓣（大）（中）均与同尺寸的棉布花瓣稍微错开后用黏合剂粘好

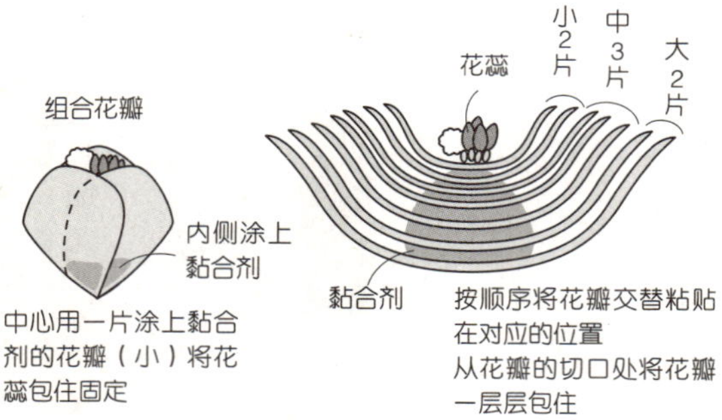

[花蕾]

中心用一片涂上黏合剂的花瓣（中）将花蕊包住固定

将花瓣（中）错开一枚花瓣的位置包住固定

❹ 完成

叶子和果实的茎扎紧，剪掉多余的部分

基底粗纹绸带

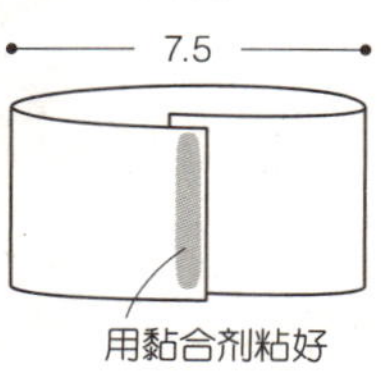

各部分按完成图配置放好。按照叶子、果实、羽毛、花蕾、花朵的顺序，用黏合剂将各部分粘贴到基底上

饰针底用黏合剂粘贴到基底中心

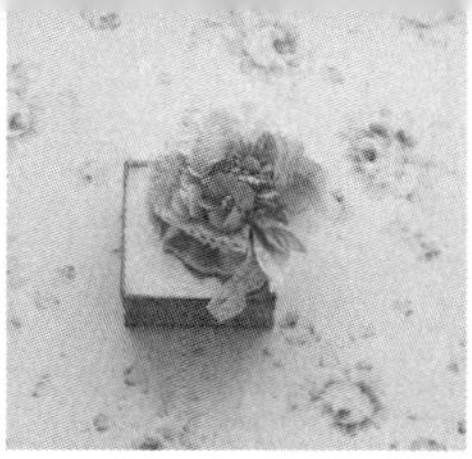

盎然的花束 实物图 P.21

成品尺寸：花朵直径8.5cm

材料

- 棉布（白色）30cm × 30cm
- 花纹棉布（白色）10cm × 50cm
- 带蕾丝的棉布（白色）20cm × 20cm
- 棉布（本白）5cm × 10cm
- 宽3cm的蕾丝a（白色）10cm
- 宽1.5cm的蕾丝b（本白）20cm
- 叶子蕾丝（白色）5cm
- 蔷薇花蕊棉签（米褐色）6根
- 净色圆形棉签（米褐色）8根
- 直径1cm的绒球 1个
- 铁丝 28号 3根
- 直径2.5cm带回形针的饰针底 1个

实物大纸样

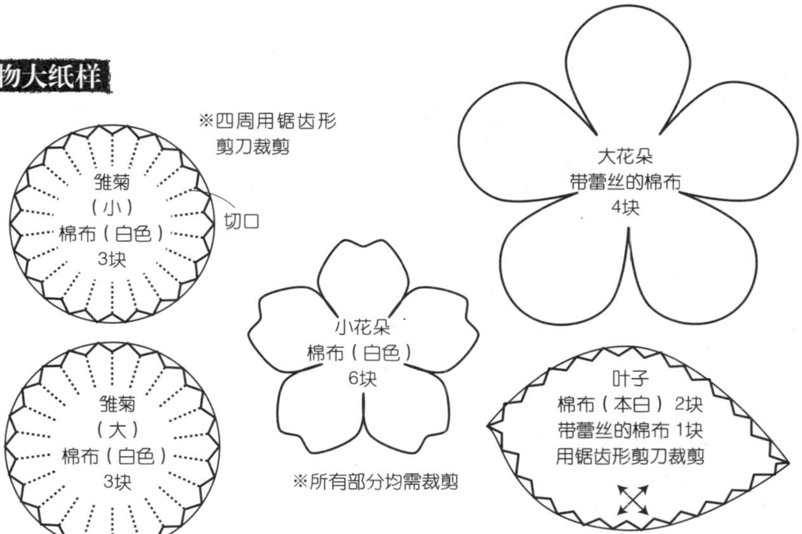

※四周用锯齿形剪刀裁剪
雏菊（小）棉布（白色）3块
切口
雏菊（大）棉布（白色）3块
小花朵 棉布（白色）6块
※所有部分均需裁剪
大花朵 带蕾丝的棉布 4块
叶子 棉布（本白）2块 带蕾丝的棉布 1块 用锯齿形剪刀裁剪

做法

[完成图]

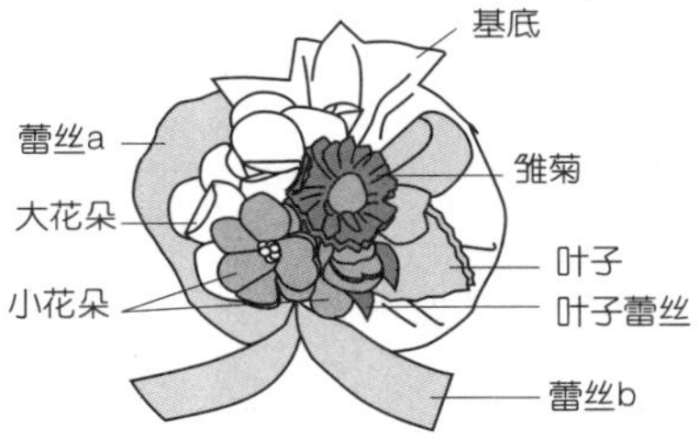

基底
蕾丝a
雏菊
大花朵
叶子
小花朵
叶子蕾丝
蕾丝b

❶ 准备材料

用咖啡浸染4种布料、蕾丝a、叶子蕾丝、绒球

棉布（白色）染成深色

※浸染方法参照P.40

浆洗带蕾丝的棉布、棉布

※浆洗方法参照P.36 A

❷ 制作花蕊

[雏菊]

用铁丝绑住6根蔷薇花蕊棉签，用黏合剂将绒球粘贴到中心

※捆扎方法参照P.38 E

[小花朵]

用铁丝绑住4根净色圆形棉签

绒球
棉签
制作2个

❸ 制作花朵

与纸样对齐，裁剪花瓣，制作花朵

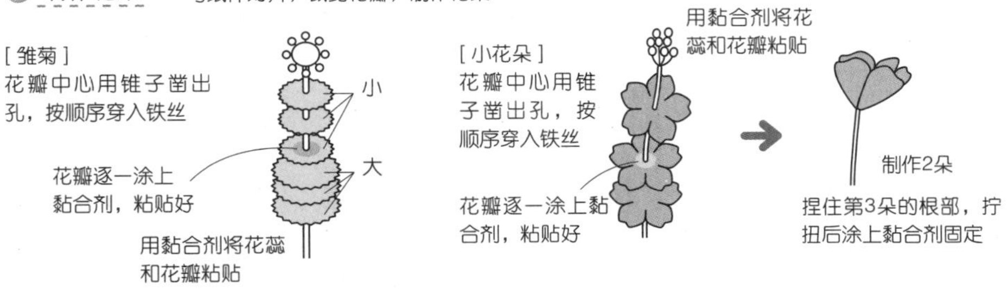

[雏菊]
花瓣中心用锥子凿出孔，按顺序穿入铁丝
小
大
花瓣逐一涂上黏合剂，粘贴好
用黏合剂将花蕊和花瓣粘贴
[小花朵]
花瓣中心用锥子凿出孔，按顺序穿入铁丝
用黏合剂将花蕊和花瓣粘贴
花瓣逐一涂上黏合剂，粘贴好
制作2朵
捏住第3朵的根部，拧扭后涂上黏合剂固定

❹ 制作基底

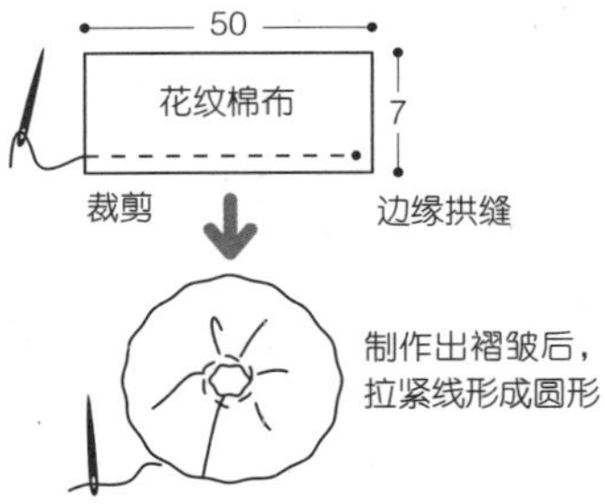

50
花纹棉布
7
裁剪
边缘拱缝
制作出褶皱后，拉紧线形成圆形

❺ 完成

将各部分缝到基底上

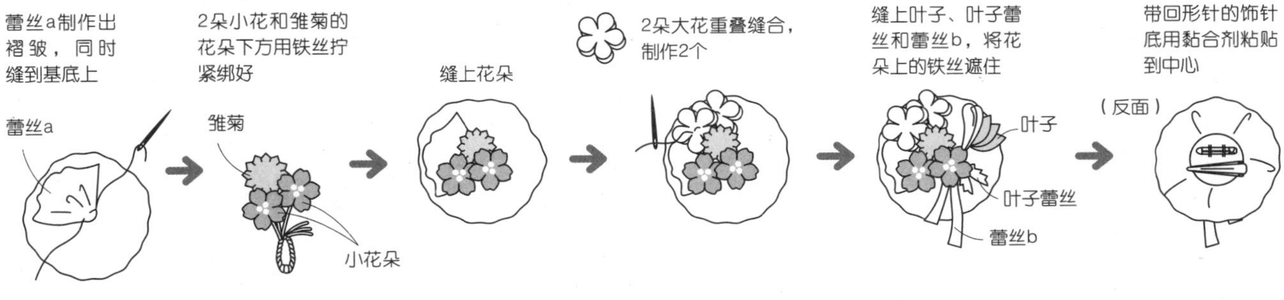

蕾丝a制作出褶皱，同时缝到基底上
蕾丝a
2朵小花和雏菊的花朵下方用铁丝拧紧绑好
雏菊
小花朵
缝上花朵
2朵大花重叠缝合，制作2个
缝上叶子、叶子蕾丝和蕾丝b，将花朵上的铁丝遮住
叶子
叶子蕾丝
蕾丝b
带回形针的饰针底用黏合剂粘贴到中心
（反面）

拼贴蕾丝饰针　实物图 P.22

成品尺寸：9cm×8cm

材料

- 基底用花朵和叶子蕾丝（a~d）16cm
- 6cm×4cm的英文字母椭圆形蕾丝 1块
- 果实蕾丝 6cm
- 宽4cm的缎带 13cm
- 8cm×5cm的羊毛料蕾丝 2块
- 直径4cm的人造花（布质白色蔷薇）1朵
- 印有英文字母的纸 3cm×4cm
- 直径0.5cm、0.7cm带金属台的人工水钻各1颗
- 直径2.5cm带回形针的莲蓬饰针底 1个

做法

［完成图］

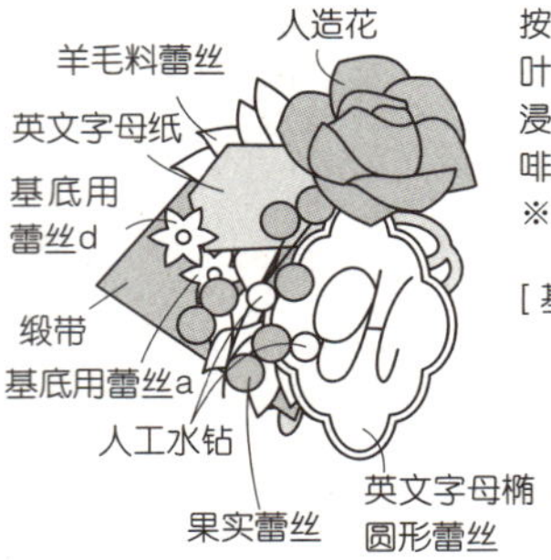

❶ 准备材料

按各部分所需将基底用花朵和叶子蕾丝剪开，用红茶和咖啡浸染。其余蕾丝、缎带均用咖啡浸染

※浸染方法参照P.40

［基底用］

人造花的所有花瓣用红茶浸过的棉棒描一遍，将白色的部分染色

然后用咖啡浸过的棉棒沿花瓣边缘染色

※液体过多的话，人造花的糨糊会脱落

※参照P.53①中“人造花”的制作方法

❷ 制作基底

缎带的内侧半边缝到基底用花朵和叶子蕾丝a~c上

❸ 组合图案

英文字母纸用黏合剂粘贴到基底上，再缝上果实蕾丝、英文字母椭圆形蕾丝、基底用蕾丝d、人工水钻。最后再用黏合剂粘贴人造花

❹ 完成

将两块羊毛料蕾丝暂时缝好固定

基底用缎带稍向右斜，后面对折

仔细处理线头，避免线露在缎带表面，再将羊毛料蕾丝缝到基底上

用黏合剂粘好莲蓬台，再加上饰针底

迷你玫瑰发饰　实物图 P.18

成品尺寸：4cm×9cm

材料

- 宽2.5cm的蕾丝a 10cm
- 宽0.8cm的蕾丝b 8cm
- 宽1cm的蕾丝c 12cm
- 3cm×2.2cm的英文字母蕾丝 1块
- 2.5cm×3.5cm 民族风的蕾丝 1块
- 直径1.5cm的人造花（布质白色蔷薇）3朵
- 长5cm的蔓（人造）1根
- 直径0.4cm带金属台的人工水钻 1颗
- 直径0.4cm 玻璃串珠（米褐色、透明）各1颗
- 宽8cm的发饰用皮筋 1根

做法

［完成图］

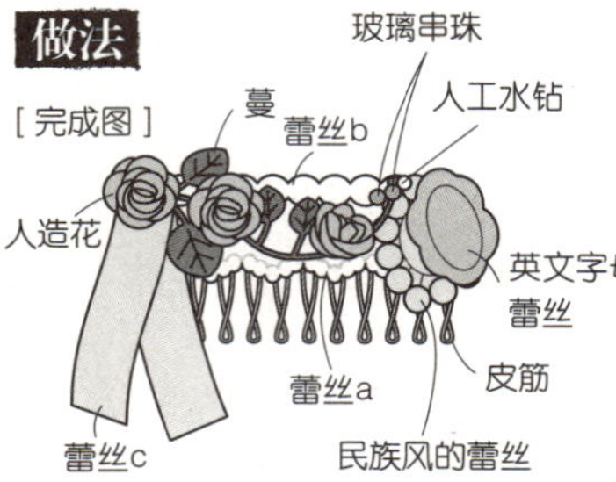

❶ 准备材料

除民族风的蕾丝以外，其余蕾丝都用咖啡浸泡5分钟

※浸染方法参照P.40

用浸有咖啡的棉棒为人造花着色。整体着色完成后，花瓣边缘再用棉棒描一遍

※参照P.53①中“人造花”的制作方法

❷ 制作基底

蕾丝a两侧折叠1cm后缝好

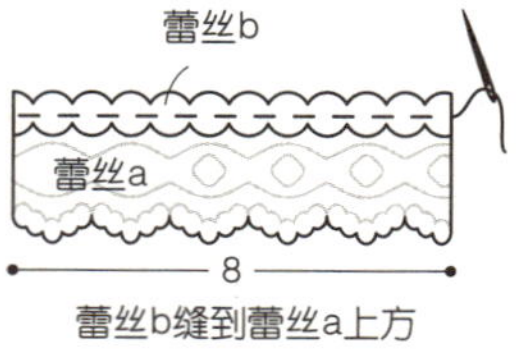

蕾丝b缝到蕾丝a上方

❸ 制作各部分

蔓的根部加在蕾丝c中，再缝到基底上

人造花的茎剪短到花朵的根部，然后放到基底上，用黏合剂固定

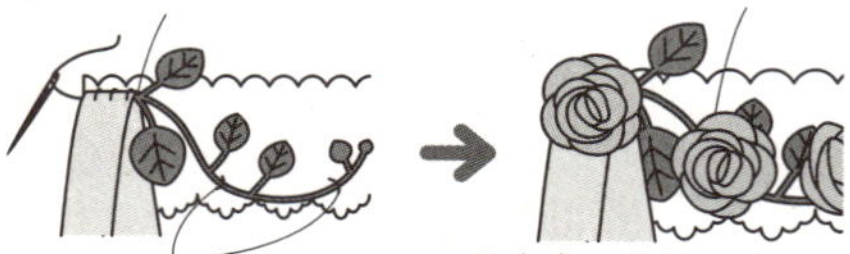

在两个地方轻轻缝好蔓

英文字母蕾丝和民族风的蕾丝、人工水钻、两种玻璃串珠缝到基底上

❹ 完成

皮筋的金属环上涂抹黏合剂。用刮刀或牙签在细微的地方也涂上黏合剂

趁黏合剂还未干，放上各部分

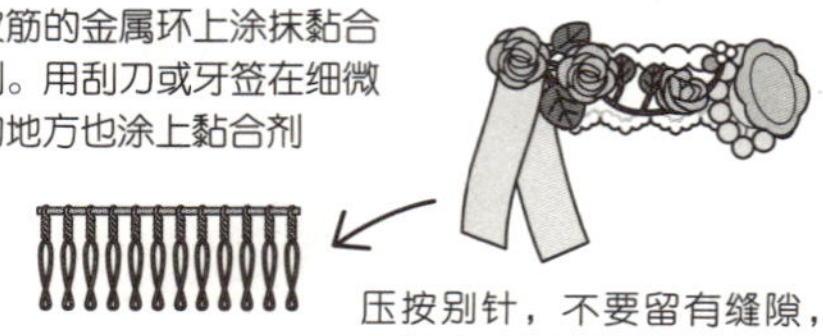

压按别针，不要留有缝隙，将蕾丝和金属部分固定

奶茶色小花束　实物图 P.23

成品尺寸：12cm×6.5cm

材料

- 棉布（白色）20cm×20cm
- 带蕾丝的棉布（白色）20cm×10cm
- 棉布（本白）10cm×5cm
- 宽1.5cm的蕾丝（白色）30cm
- 直径2.5cm 蕾丝（白色）3块
- 净色圆形棉签（白色）15根
- 直径0.6cm的串珠a 4颗
- 直径1cm的串珠b 3颗
- 宽1.2cm的薄绢带（白色）适量
- 铁丝 28号 12根
- 花饰别针 3.5cm 1个

实物大纸样

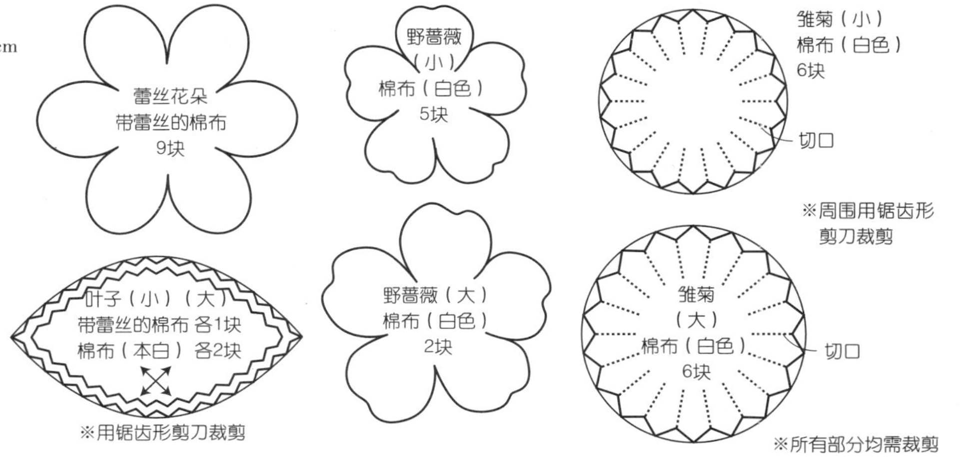

蕾丝花朵
带蕾丝的棉布
9块
野蔷薇
（小）
棉布（白色）
5块
雏菊（小）
棉布（白色）
6块
切口
※周围用锯齿形
剪刀裁剪
叶子（小）（大）
带蕾丝的棉布 各1块
棉布（本白）各2块
※用锯齿形剪刀裁剪
野蔷薇（大）
棉布（白色）
2块
雏菊
（大）
棉布（白色）
6块
切口
※所有部分均需裁剪

做法

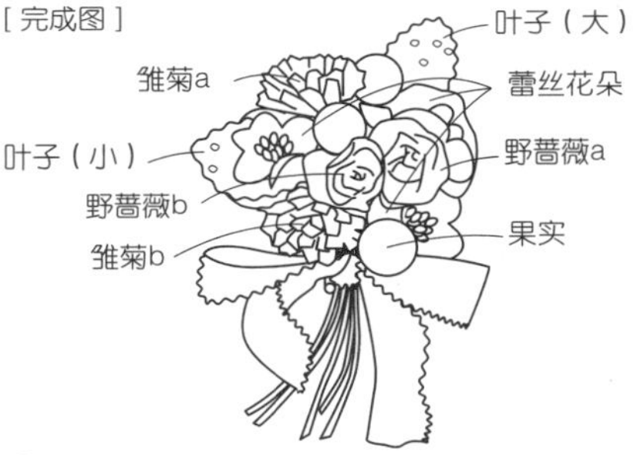

[完成图]
叶子（大）
雏菊a
蕾丝花朵
叶子（小）
野蔷薇a
野蔷薇b
果实
雏菊b

❶ 准备材料

3种布料、蕾丝、薄绢带用红茶浸染
※浸染方法参照P.40
浆洗3种布料
※浆洗方法参照P.36 A

❷ 制作叶子

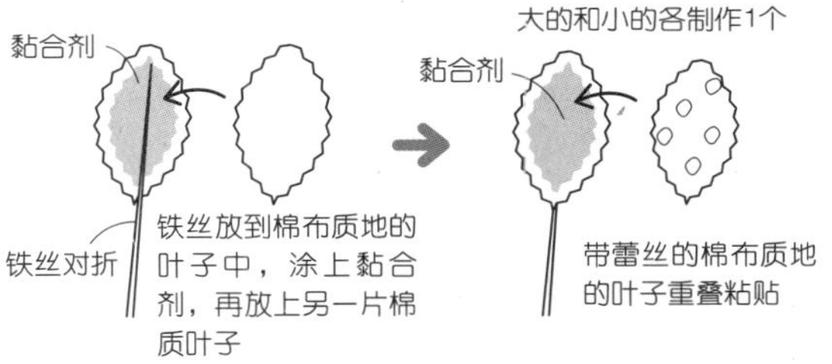

黏合剂
铁丝对折
铁丝放到棉布质地的叶子中，涂上黏合剂，再放上另一片棉质叶子
大的和小的各制作1个
黏合剂
带蕾丝的棉布质地的叶子重叠粘贴

❸ 制作花朵

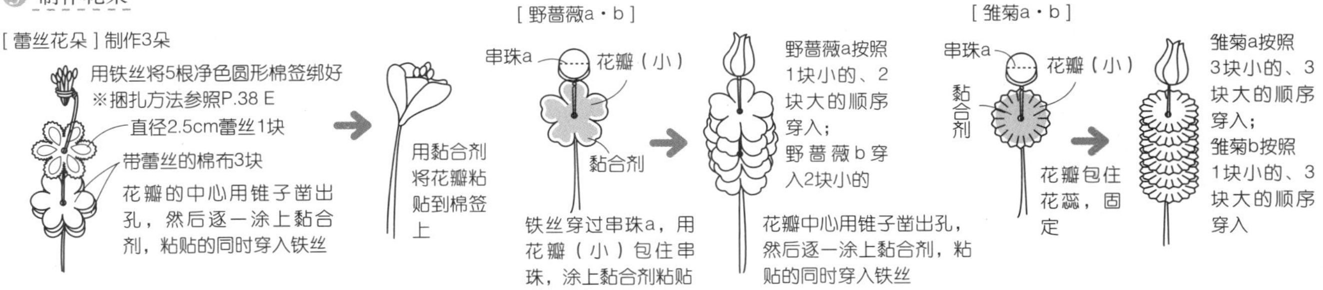

[蕾丝花朵] 制作3朵
用铁丝将5根净色圆形棉签绑好
※捆扎方法参照P.38 E
直径2.5cm蕾丝1块
带蕾丝的棉布3块
花瓣的中心用锥子凿出孔，然后逐一涂上黏合剂，粘贴的同时穿入铁丝
用黏合剂将花瓣粘贴到棉签上
[野蔷薇a・b]
串珠a
花瓣（小）
黏合剂
铁丝穿过串珠a，用花瓣（小）包住串珠，涂上黏合剂粘贴
野蔷薇a按照1块小的、2块大的顺序穿入；
野蔷薇b穿入2块小的
花瓣中心用锥子凿出孔，然后逐一涂上黏合剂，粘贴的同时穿入铁丝
[雏菊a・b]
串珠a
花瓣（小）
黏合剂
花瓣包住花蕊，固定
雏菊a按照3块小的、3块大的顺序穿入；
雏菊b按照1块小的、3块大的顺序穿入

❹ 制作果实

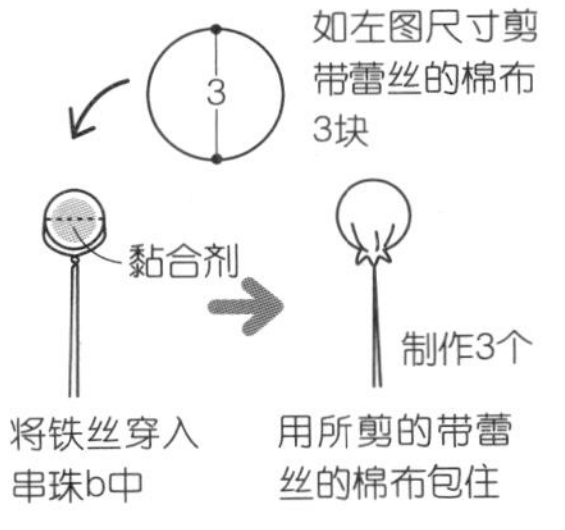

3
如左图尺寸剪带蕾丝的棉布3块
黏合剂
制作3个
将铁丝穿入串珠b中
用所剪的带蕾丝的棉布包住

❺ 完成

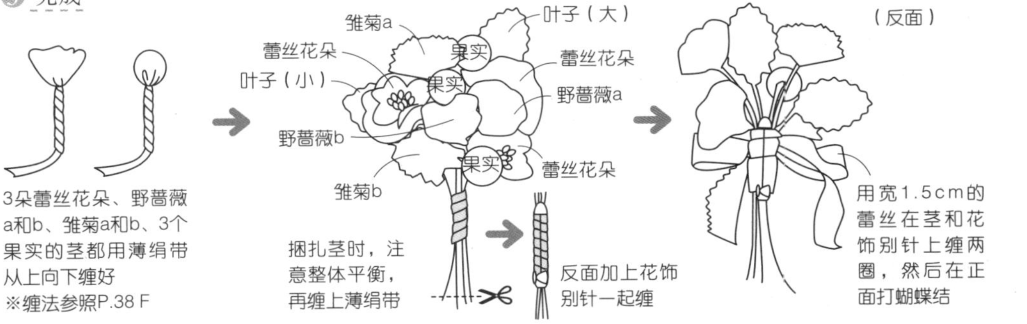

3朵蕾丝花朵、野蔷薇a和b、雏菊a和b、3个果实的茎都用薄绢带从上向下缠好
※缠法参照P.38 F
雏菊a
叶子（大）
蕾丝花朵
果实
叶子（小）
果实
蕾丝花朵
野蔷薇a
野蔷薇b
果实
蕾丝花朵
雏菊b
捆扎茎时，注意整体平衡，再缠上薄绢带
反面加上花饰别针一起缠
（反面）
用宽1.5cm的蕾丝在茎和花饰别针上缠两圈，然后在正面打蝴蝶结

B
A

亚麻和玻璃纱花饰　实物图 P.24

成品尺寸：白色15cm×5cm，米褐色3.5cm×10cm

材料（1朵的用量）

- 亚麻布（A：白色；B：米褐色）30cm×10cm
- 玻璃纱（白色）30cm×10cm
- 蔷薇花蕊棉签（A：白色；B：茶色）15根
- 造花用胶条（A：白色；B：米褐色）60cm
- 铁丝 28号 3根
- 花饰别针 3cm 1个
- 宽0.7cm的蕾丝带 35cm（仅A）

做法

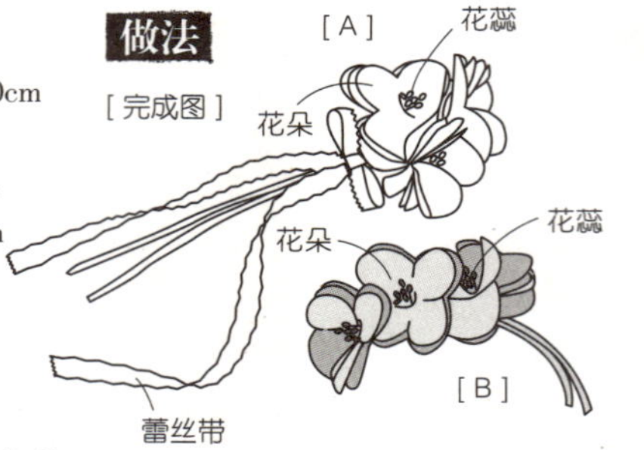

[完成图]
[A]
花蕊
花朵
花朵
花蕊
[B]
蕾丝带

实物大纸样

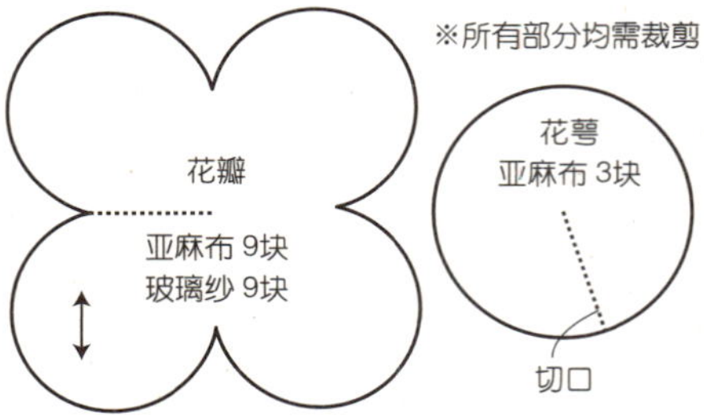

※所有部分均需裁剪
花瓣
亚麻布 9块
玻璃纱 9块
花萼
亚麻布 3块
切口

❶ 制作花朵

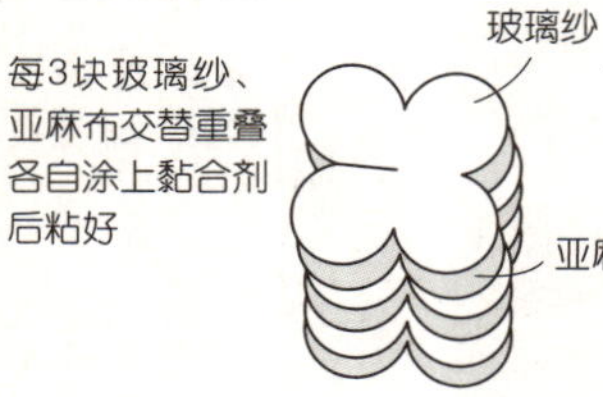

每3块玻璃纱、亚麻布交替重叠各自涂上黏合剂后粘好
玻璃纱
亚麻布

❷ 制作花蕊

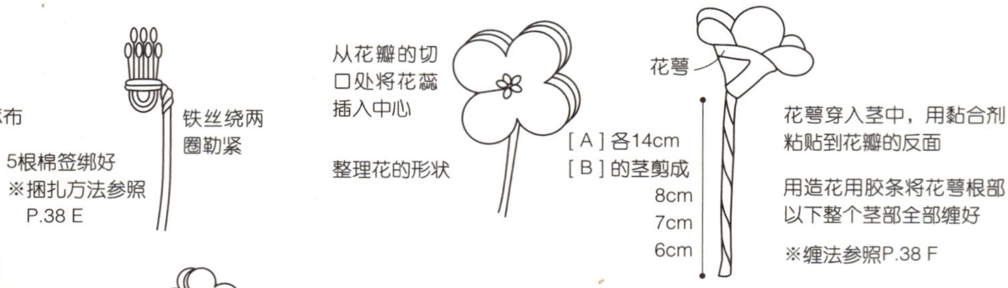

铁丝绕两圈勒紧
5根棉签绑好
※捆扎方法参照P.38 E
从花瓣的切口处将花蕊插入中心
整理花的形状
[A]各14cm
[B]的茎剪成
8cm
7cm
6cm
花萼
花萼穿入茎中，用黏合剂粘贴到花瓣的反面
用造花用胶条将花萼根部以下整个茎部全部缠好
※缠法参照P.38 F

❸ 完成

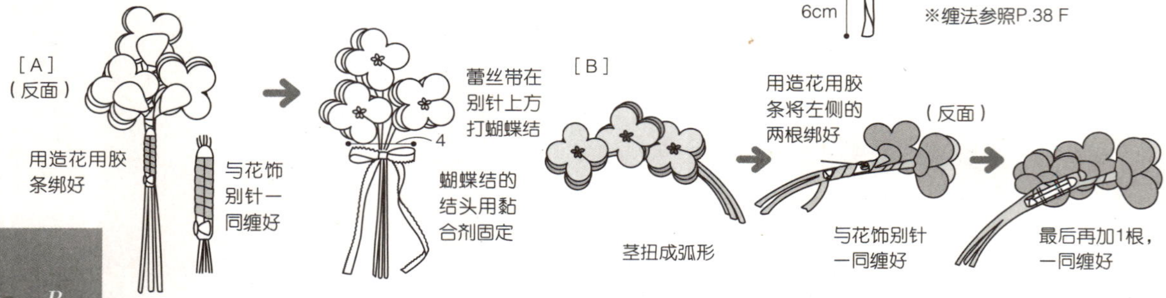

[A]
(反面)
用造花用胶条绑好
与花饰别针一同缠好
蕾丝带在别针上方打蝴蝶结
4
蝴蝶结的结头用黏合剂固定
[B]
茎扭成弧形
用造花用胶条将左侧的两根绑好
(反面)
与花饰别针一同缠好
最后再加1根，一同缠好

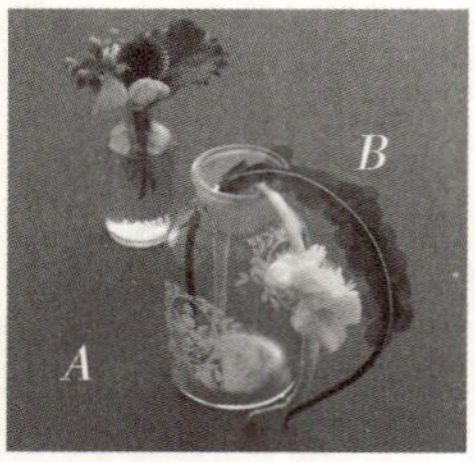

B
A

亚麻和玻璃纱发箍　实物图 P.25

成品尺寸：花朵直径 4cm

材料（1朵的用量）

A（白色）

- 亚麻布（白色）30cm×10cm
- 玻璃纱（白色）50cm×10cm
- 蔷薇花蕊棉签（白色）15根
- 弯铁丝 28号 3根
- 造花用胶条（白色）60cm

B（黑色）

- 玻璃纱（黑色）50cm×30cm
- 宽0.1cm的线（白色）50cm

通用

- 宽0.7cm的发箍用金属配件 1个

实物大纸样

与本页花饰相同

做法　[完成图]

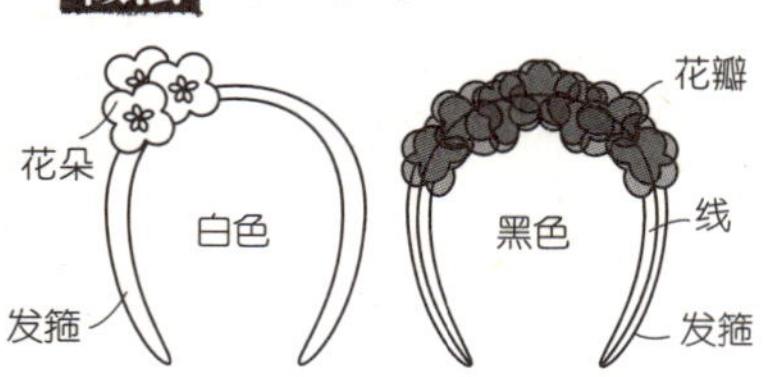

花朵
白色
发箍
花瓣
黑色
线
发箍

❶ 制作花朵

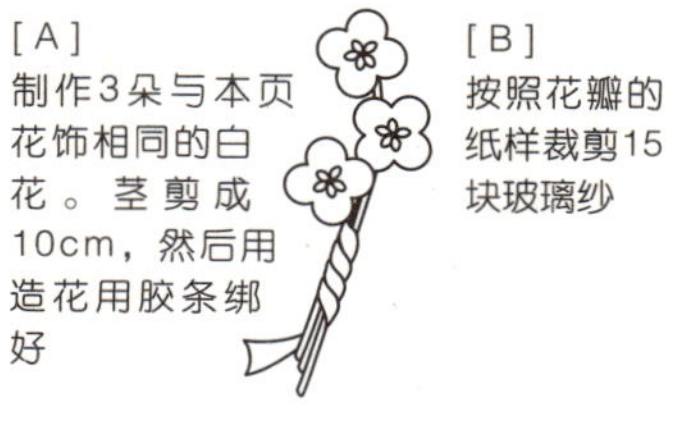

[A]
制作3朵与本页花饰相同的白花。茎剪成10cm，然后用造花用胶条绑好
[B]
按照花瓣的纸样裁剪15块玻璃纱

❷ 在发箍上缠好布料

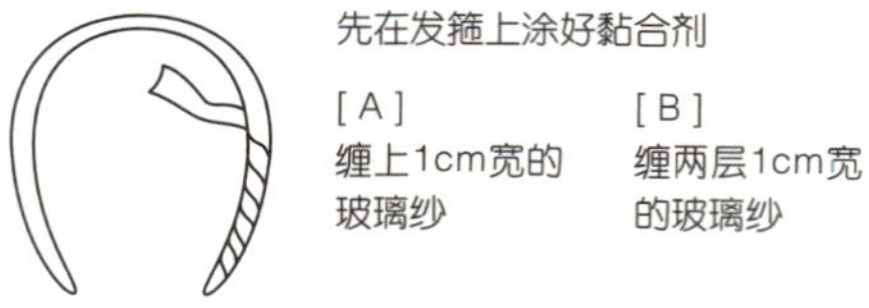

先在发箍上涂好黏合剂
[A]
缠上1cm宽的玻璃纱
[B]
缠两层1cm宽的玻璃纱

❸ 完成

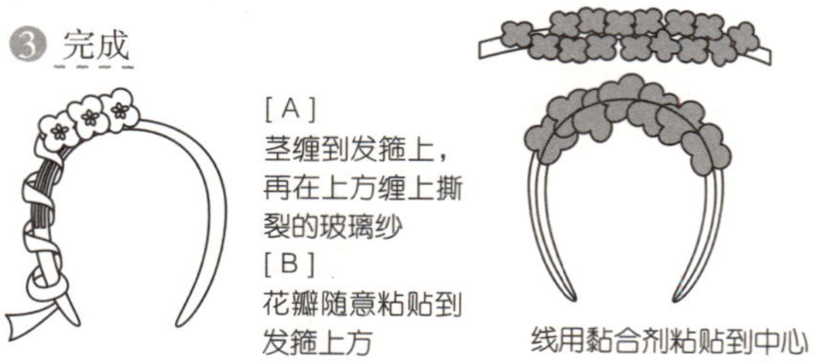

[A]
茎缠到发箍上，再在上方缠上撕裂的玻璃纱
[B]
花瓣随意粘贴到发箍上方
线用黏合剂粘贴到中心

发圈+花饰　实物图 P.26

成品尺寸：花朵直径7cm

材料

发圈

- 带花纹的棉布（白色）30cm × 30cm
- 宽1cm的蕾丝（白色）100cm
- 直径5cm的发圈皮筋 1个

花饰

- 带花纹的棉布（白色）30cm × 20cm
- 棉布（白色）30cm × 20cm
- 叶子蕾丝（白色）3.5cm
- 果实蕾丝（白色）10cm
- 花饰别针 3.5cm 1个
- 超粗钩针 7mm

实物大纸样

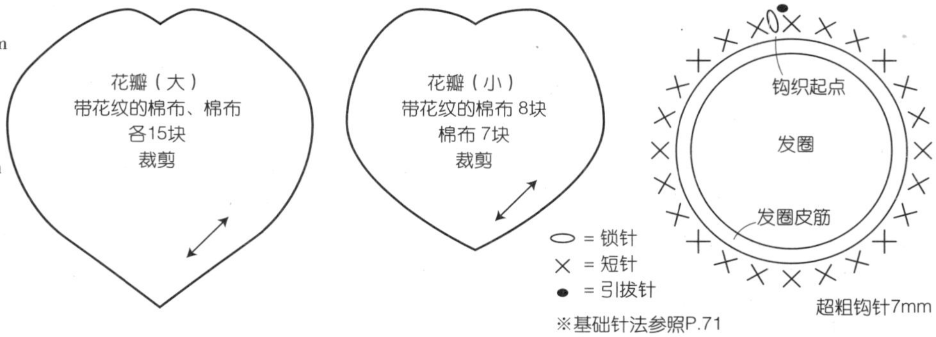

※基础针法参照P.71

做法

[完成图]

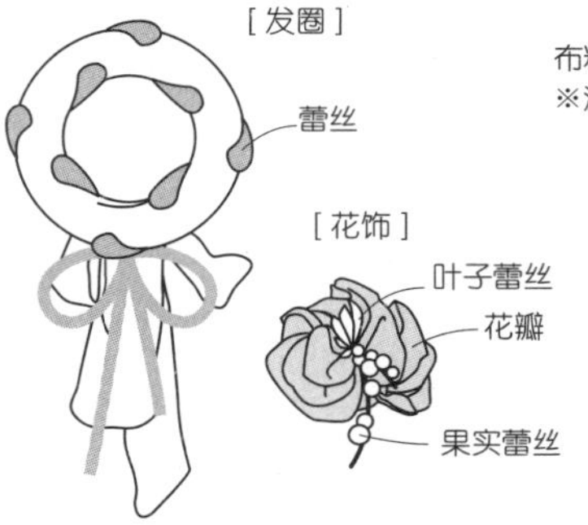

❶ 准备材料

布料和蕾丝均用红茶浸染

※浸染方法参照P.40

❷ 制作发圈用的绳带

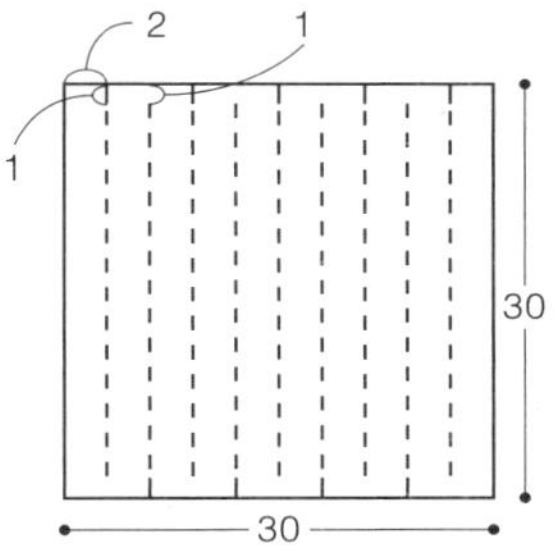

—— = 用剪刀剪出口

- - - = 用手撕裂

带花纹的棉布一侧留出1cm后撕成带状

❸ 制作发圈

撕过的布料顶端留出30cm，然后按照钩织图织入短针，钩织发圈皮筋

※钩织方法参照P.43 ②

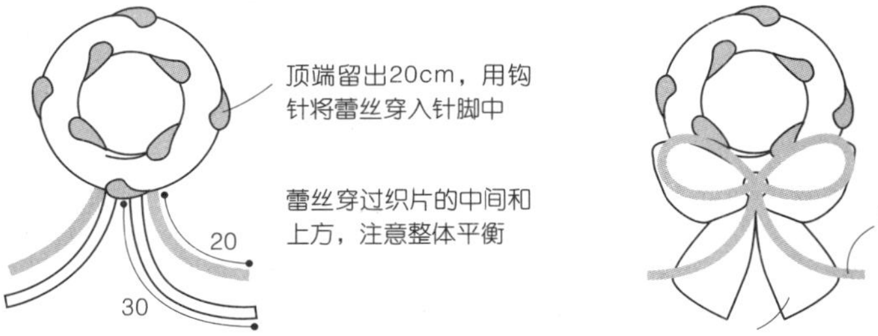

顶端留出20cm，用钩针将蕾丝穿入针脚中

蕾丝穿过织片的中间和上方，注意整体平衡

两端剩余的绳带和蕾丝分别打蝴蝶结

❹ 制作花饰

与纸样对齐，裁剪花瓣，每3片棉布和带花纹的棉布混合重叠

花瓣（大）（小）

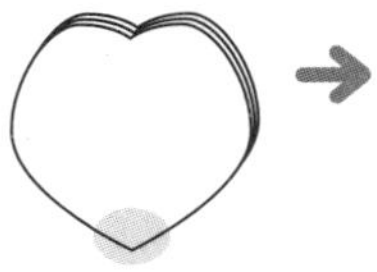

涂上黏合剂

晾干后，涂黏合剂的部分拧扭

制作大的10个、小的5个

小的花瓣缝到花朵的中心

大的花瓣稍微错开，配置好后缝合

叶子和果实蕾丝缝到中心

❺ 完成

基底　　（反面）

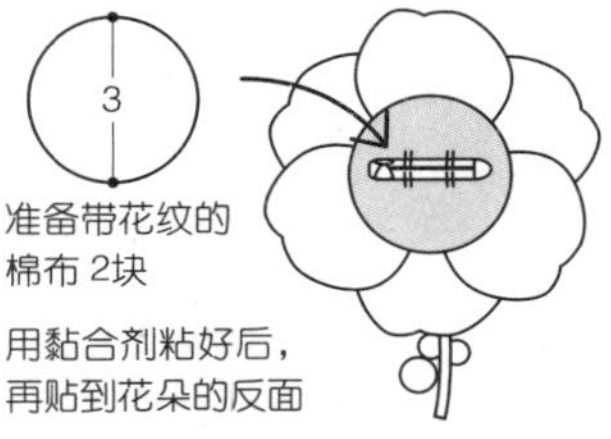

准备带花纹的棉布 2块

用黏合剂粘好后，再贴到花朵的反面

花饰别针缝到基底中心

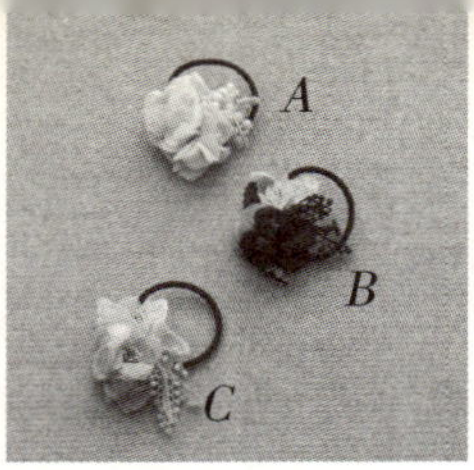

蕾丝花饰发圈 实物图 P.27

成品尺寸：10cm × 8.5cm

材料（1朵的用量）

A（白色）

- 带蕾丝的棉布（白色）30cm × 30cm
- 果实蕾丝（白色）20cm
- 叶子蕾丝（白色）3.5cm
- 净色圆形棉签（白色）8根
- 蔷薇花蕊棉签（白色）13根

B（藏蓝）

- 棉布（染成藏蓝色）20cm × 20cm
- 棉布（紫色）15cm × 15cm
- 棉布（印花）10cm × 10cm
- 果实蕾丝（藏蓝色）20cm
- 叶子蕾丝（白色）3.5cm
- 净色圆形棉签（紫色）8根
- 蔷薇花蕊棉签（紫色）13根

C（米褐色）

- 带花纹的棉布（本白）20cm × 20cm
- 棉布（印花）15cm × 15cm
- 棉布（本白）10cm × 10cm
- 果实蕾丝（白色）20cm
- 叶子蕾丝（白色）3.5cm
- 净色圆形棉签（白色）8根
- 蔷薇花蕊棉签（白色）13根

通用

- 宽5cm的蕾丝（白色）12cm
- 铁丝 28号 3根
- 直径5cm的发圈皮筋（茶色或者藏蓝色）1个

实物大纸样

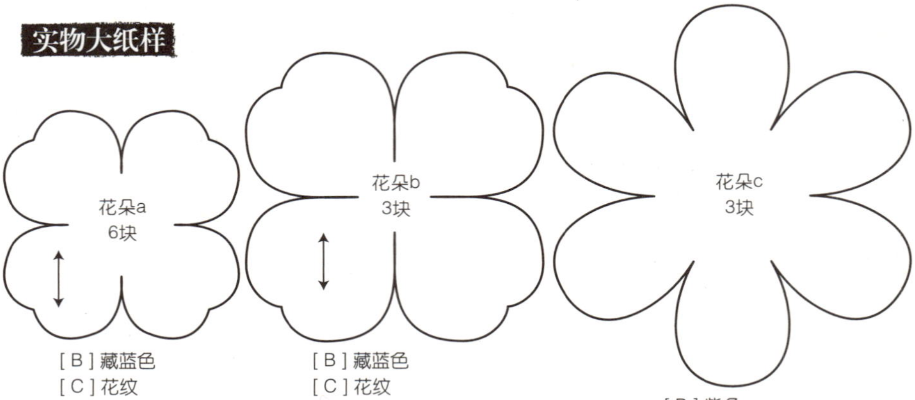

[B] 藏蓝色
[C] 花纹

[B] 藏蓝色
[C] 花纹

[B] 紫色
[C] 印花

[B] 紫色、印花 各2块
[C] 棉布、印花 各2块

※所有部分均需裁剪
※[A] 均用带蕾丝的棉布

做法 [完成图]

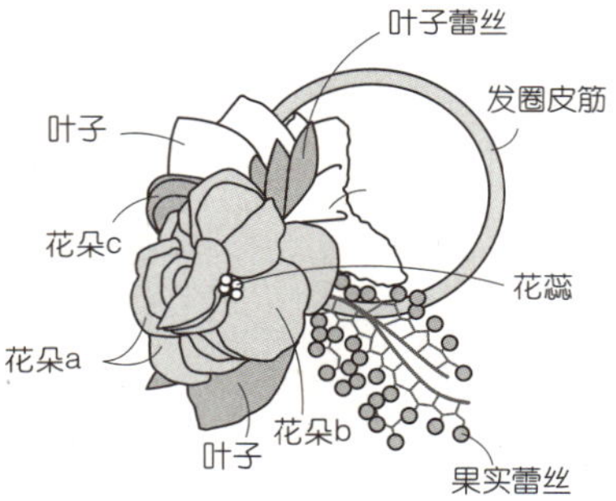

❶ 准备材料

[A][C] 是将布料、蕾丝用红茶浸染
[C] 再用咖啡浸染
※浸染方法参照P.40
所有布料均需浆洗
※浆洗方法参照P.36 A

❷ 制作花蕊

用铁丝将净色圆形棉签和蔷薇花蕊棉签绑好
※捆扎方法参照P.38 E

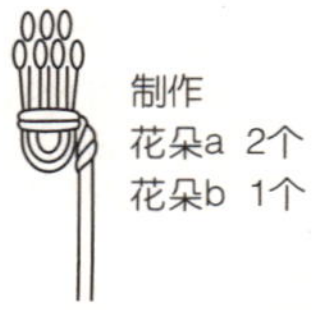

花朵a 净色圆形棉签 2根
蔷薇花蕊棉签 4根
花朵b 净色圆形棉签 4根
蔷薇花蕊棉签 5根

❸ 制作花朵

与纸样对齐，裁剪花瓣，制作花朵（花朵a・b）

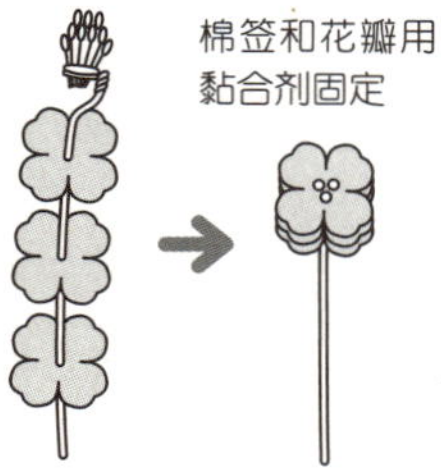

3片花瓣的中心用锥子凿出孔，再穿入铁丝
花瓣之间用黏合剂粘贴

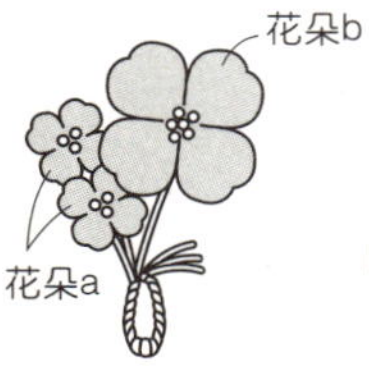

两个花朵a和1个花朵b绑好，扭弯铁丝，将花朵的下方勒紧固定

❹ 完成

各种配饰放到宽5cm的蕾丝上半部分，缝好

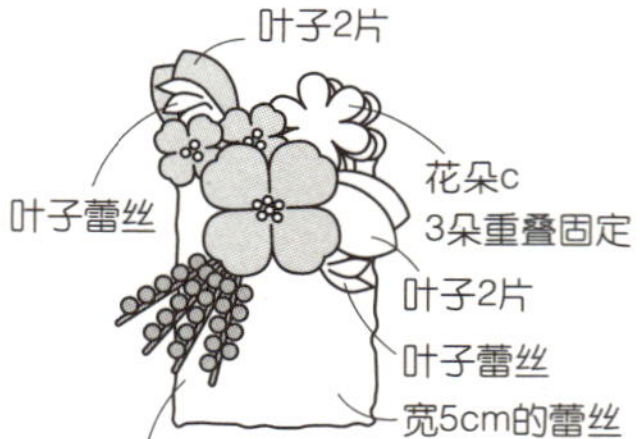

将4块果实蕾丝展开绕成环，修剪

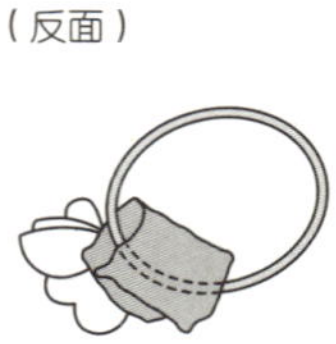

宽5cm的蕾丝夹在发圈中，用黏合剂粘好

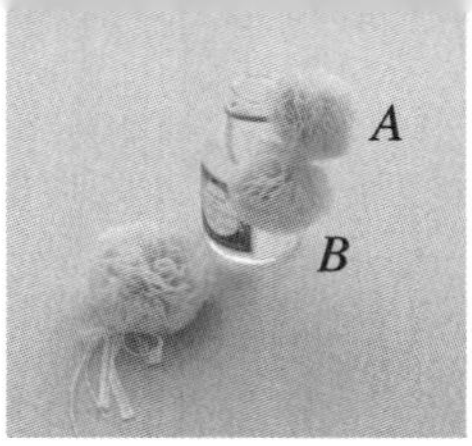
A
B

玻璃纱制作的轻柔花饰&发圈 实物图 P.28

成品尺寸：花朵直径9cm、发圈7cm

材料（1朵的用量）

花饰

- 玻璃纱（粉色）60cm×60cm
- 宽0.7cm的蕾丝（白色）50cm
- 宽0.1cm的蜡线（白色）50cm
- 厚纸 4cm×4cm
- 花饰别针 3cm 1个

发圈

- 玻璃纱（A：橙色；B：粉色）40cm×40cm
- 直径5cm的发圈皮筋（A：浅茶色；B：灰白色）1个

实物大纸样

发圈用基底
玻璃纱 1块
裁剪

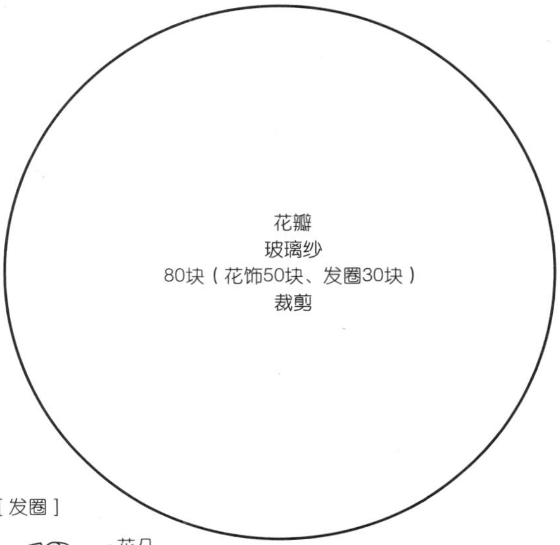
花瓣
玻璃纱
80块（花饰50块、发圈30块）
裁剪

做法

［完成图］

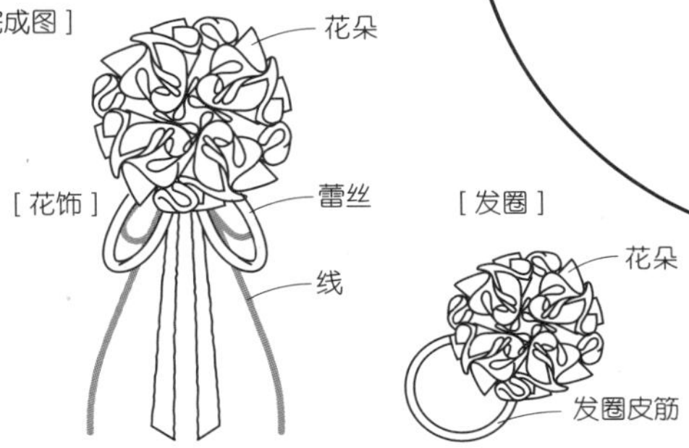
花朵
［花饰］
蕾丝
线
［发圈］
花朵
发圈皮筋

［花饰］

❶ 制作花朵

按照花瓣的纸样，裁剪50块玻璃纱，制作花朵

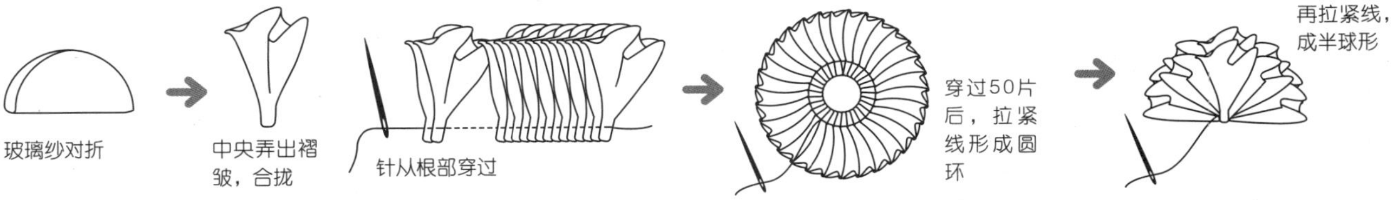
玻璃纱对折
中央弄出褶皱，合拢
针从根部穿过
穿过50片后，拉紧线形成圆环
再拉紧线，成半球形

❷ 制作基底

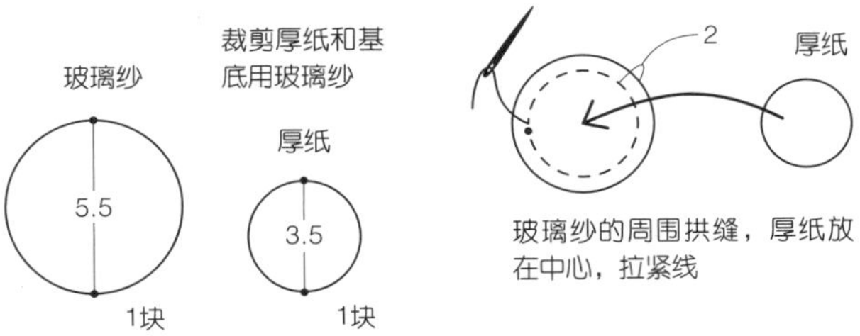
玻璃纱
裁剪厚纸和基底用玻璃纱
厚纸
5.5
1块
3.5
1块
2
厚纸
玻璃纱的周围拱缝，厚纸放在中心，拉紧线

❸ 完成

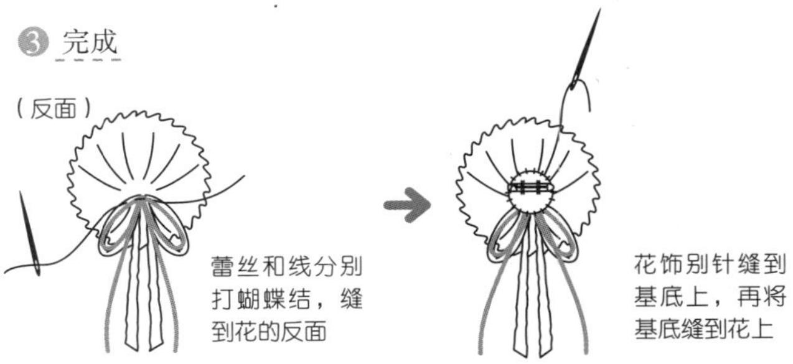
（反面）
蕾丝和线分别打蝴蝶结，缝到花的反面
花饰别针缝到基底上，再将基底缝到花上

［发圈］

❶ 制作花朵

按照花瓣的纸样，裁剪30块玻璃纱

参照［花饰］①，将花瓣穿入线中，拉紧后制成半球形

花朵缝到皮筋上

❷ 完成

与纸样对齐，裁剪发圈用基底玻璃纱1块

皮筋夹在基底玻璃纱中，用黏合剂粘贴到花朵的反面

帅气的针织花　实物图 P.29

成品尺寸：花朵直径5cm

材料（1朵的用量）

- 针织布（花纹）45cm × 5cm
- 宽2.5cm的粗纹绸带（黑色）40cm
- 蔷薇花蕊棉签（黑色）25根
- 长10cm的羽毛 6根
- 长8cm的羽毛 4根
- 弯铁丝 26号 1根
- 直径3cm带回形针的饰针底 1个

做法

[完成图]

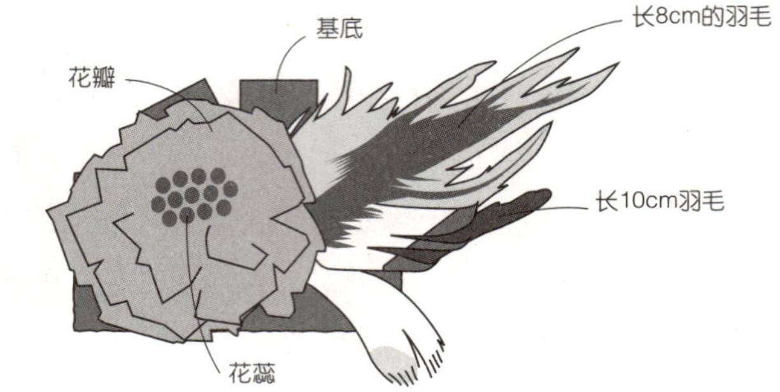

❶ 制作花瓣

裁剪针织布

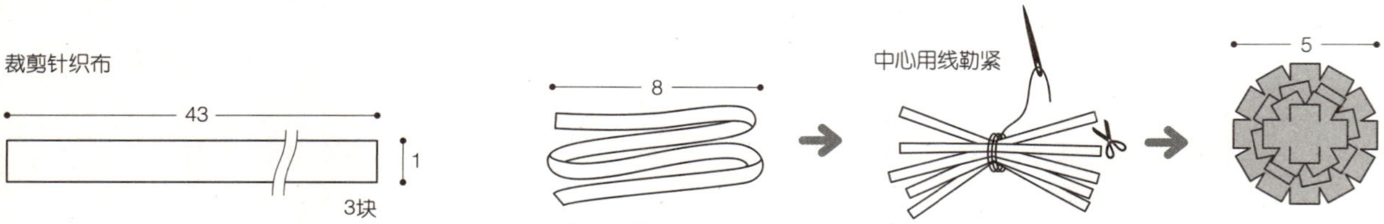

3块布料绑好折叠

布料两端的折痕用剪刀剪开，制作成半球状，再将布拉开，然后剪断线

修剪花瓣的顶端，整理形状

❷ 制作花蕊

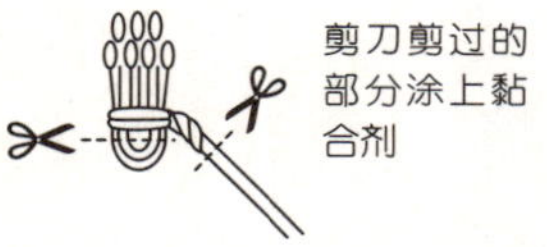

将25根棉签绑好

※捆扎方法参照P.38 E

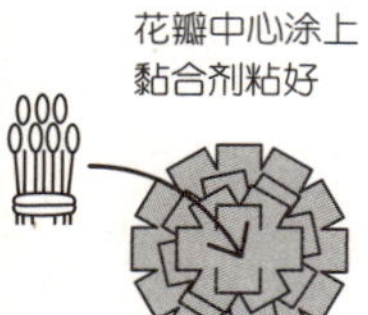

❸ 制作基底

折叠粗纹绸带

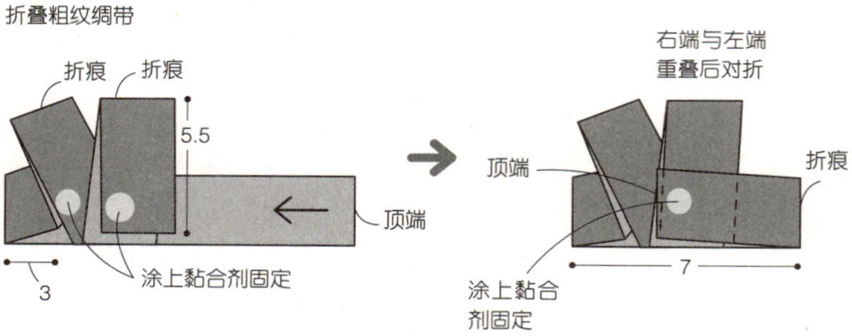

❹ 完成

各部分固定在基底上

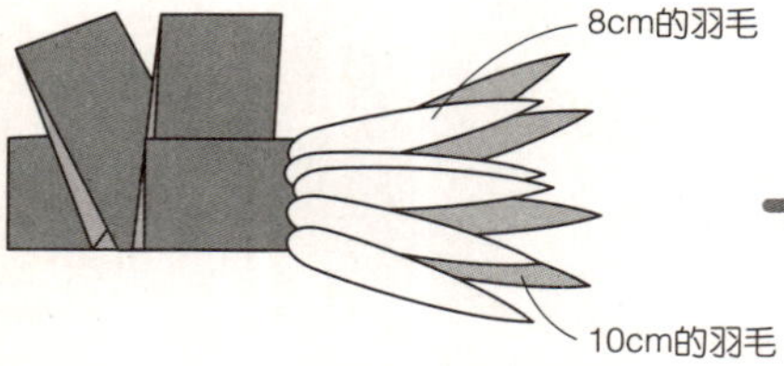

长10cm的羽毛用黏合剂粘贴到基底上，再在上面粘贴长8cm的羽毛

用黏合剂将花朵粘贴到基底上

（反面）

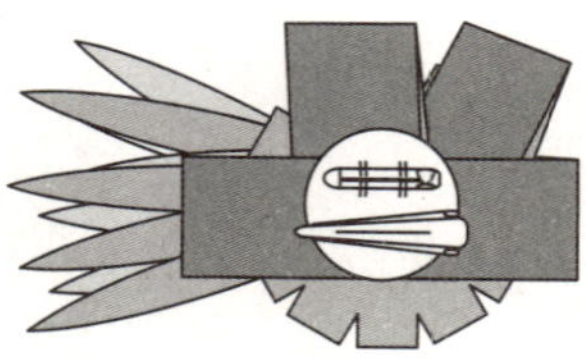

用黏合剂将带回形针的饰针底粘贴到基底中心

小巧卷曲的蔷薇花束　实物图 P.31

成品尺寸：10cm×8cm

材料

- 造花用亚麻布 3种 各20cm×30cm
- 亚麻布（绿色） 15cm×30cm
  ※绿色亚麻布用于“茎布料”、“别针拼接布”的部分事先浆洗，浆洗方法参照P.36 A
- 铁丝 28号 11根
- 花饰别针 2.5cm 1个

做法

［完成图］

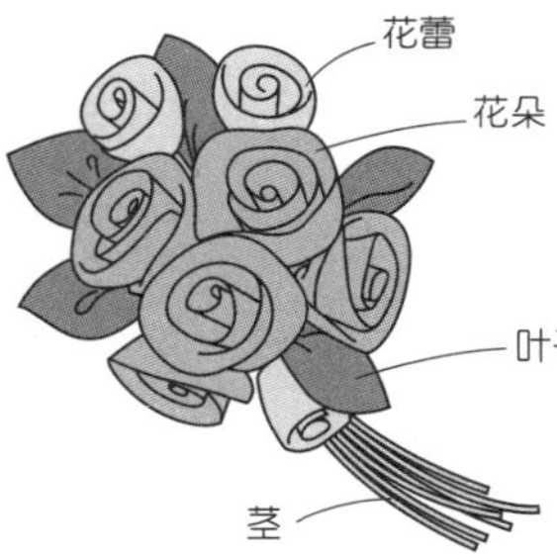

花蕾
花朵
叶子
茎

实物大纸样

花瓣
造花用亚麻布
3种
共计13块
裁剪

❶ 裁剪花瓣

与纸样对齐，裁剪花瓣
1朵花的花瓣包括两种布料，决定好各自的组合方式
花蕾用1片花瓣做成

※花瓣的裁剪方法如下

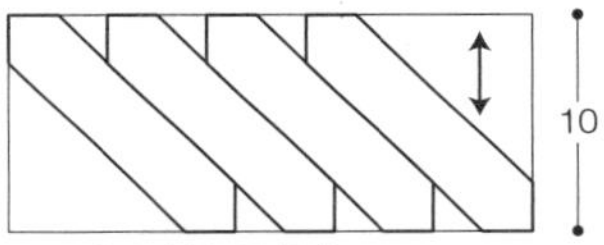

10

※所有布料均需裁剪

❷ 制作花朵

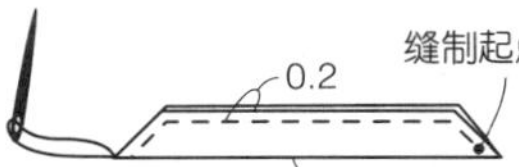

0.2
缝制起点
折痕

取2根长线，布料正面朝外对折后，折痕以外的部分拱缝

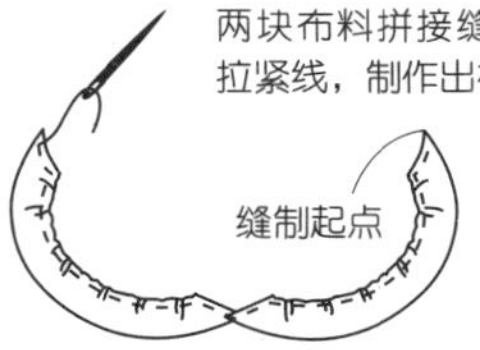

两块布料拼接缝好，拉紧线，制作出褶皱
缝制起点

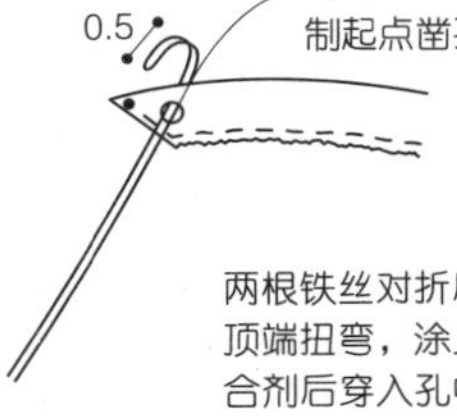

0.5
用锥子在缝制起点凿孔
两根铁丝对折后，顶端扭弯，涂上黏合剂后穿入孔中，顶端挂在布料上

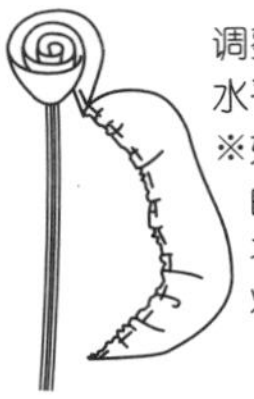

缝过的部分涂上黏合剂，卷起花瓣
调整线的松紧程度，水平卷起
※如不拉紧线，卷出的花朵包裹太紧，不会绽开，所以要将线拉紧后再卷

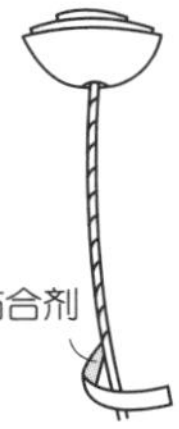

裁剪好茎布料后，从花朵和花蕾的根部开始向下缠好
黏合剂

缝纫线涂上黏合剂，固定后剪断
花朵的根部也涂上黏合剂固定
制作5朵

制作花蕾时，按照花朵的制作方法将1片花瓣缠到铁丝上
制作3朵

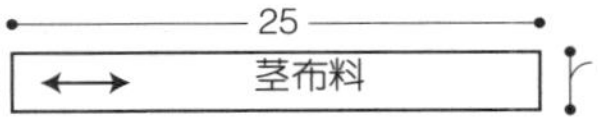

亚麻布（绿色）
25
茎布料
0.3
8块

❸ 制作叶子

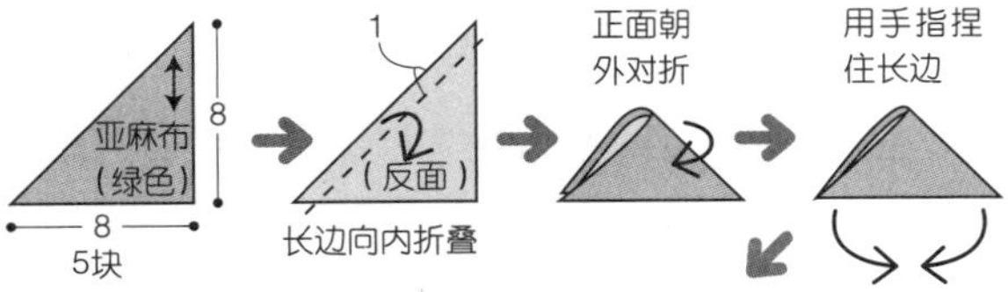

亚麻布（绿色）
8
8
5块
1
（反面）
长边向内折叠
正面朝外对折
用手指捏住长边

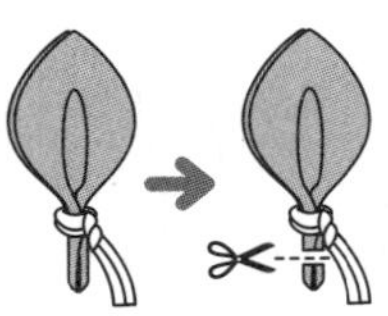

用1/2根铁丝在叶子的根部缠两圈，固定

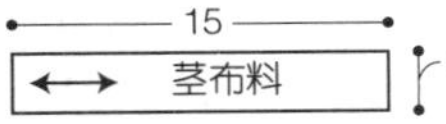

亚麻布（绿色）　5块
15
茎布料
0.3

从叶子的根部开始，用涂过黏合剂的茎布料缠住铁丝
※缠法参照P.38 F

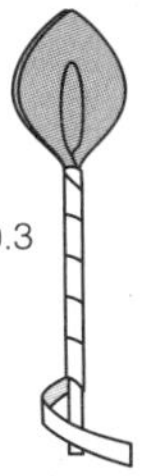

❹ 完成

将5朵花、3朵花蕾、5片叶子组合
※组合方法参照P.38 G

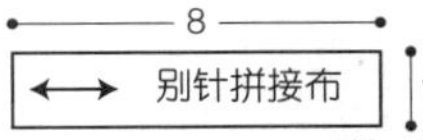

亚麻布（绿色）
8
别针拼接布
1
1块

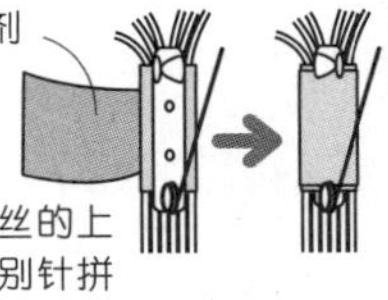

黏合剂
从铁丝的上方用别针拼接布缠一圈

别针拼接布绕第2圈时，加入花饰别针，与茎一起缠好
※别针拼接固定的方法参照P.39 I

反面展平整理形状。定型后，用铁丝暂时固定

调整茎和叶子的位置，注意整体平衡
茎裁剪成适合的长度，剪切口涂上黏合剂

简单卷曲蔷薇 实物图 P.31

成品尺寸：花朵直径6cm

材料（1朵的用量）

- 亚麻布（A：粉色；B：紫色）15cm×90cm
- 亚麻布（绿色）30cm×20cm
  ※绿色亚麻布用做“花萼”、“茎布料”的部分事先浆洗，浆洗方法参照P.36 A
- 铁丝 28号 4根
- 花饰别针 2.5cm 1个

实物大纸样

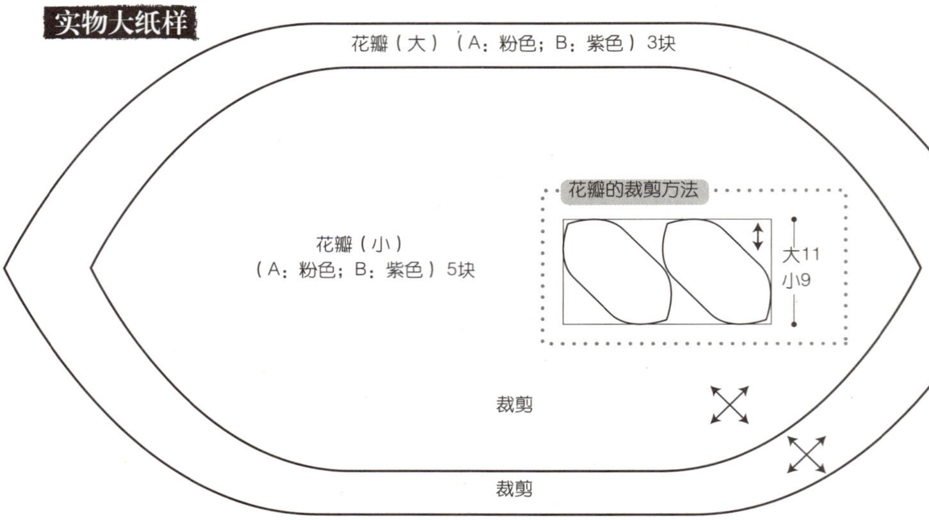

做法

[完成图]

1 制作花朵

与纸样对齐，裁剪布料，制作花朵（所有布料均需裁剪）

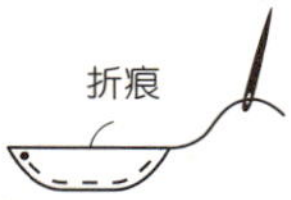

取长线，花瓣（小）正面朝外对折后，折痕以外的部分拱缝

5片小的、3片大的缝合

拉紧线，制作出褶皱

用锥子在缝制起点凿孔

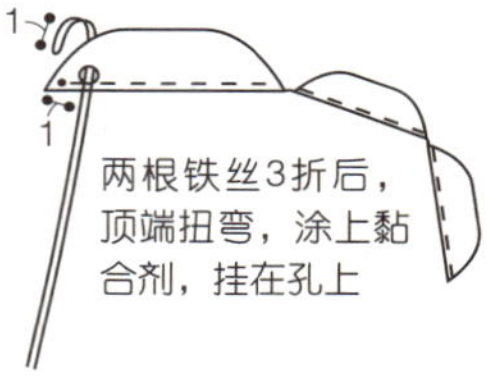

两根铁丝3折后，顶端扭弯，涂上黏合剂，挂在孔上

缝过的部分涂上黏合剂，同时将花瓣卷弯

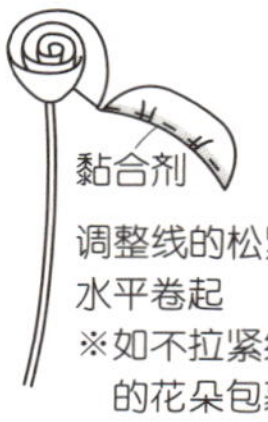

调整线的松紧程度，水平卷起

※如不拉紧线，卷出的花朵包裹太紧，不会绽开，所以要将线拉紧后再卷

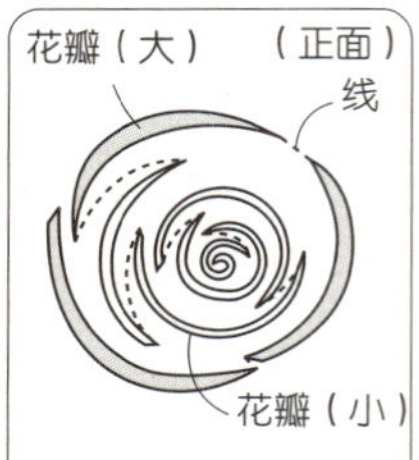

花瓣间的线拉长，让花瓣能前后松动，注意整体平衡

定型后，拉紧线打结

结头和花朵的根部涂上黏合剂固定

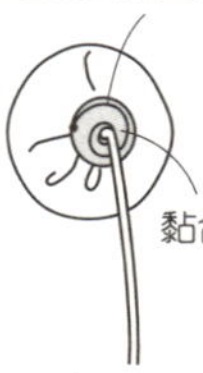

2 拼接花萼

亚麻布（绿色）

花萼 1块

花朵反面的黏合剂晾干后，用锥子在花萼中心凿孔，然后穿入铁丝

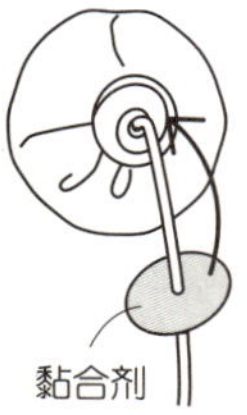

3 制作叶子

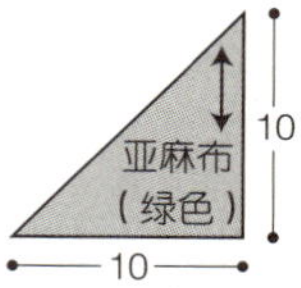

叶子 3块

按照P.63 ③制作叶子

制作3根

亚麻布（绿色）

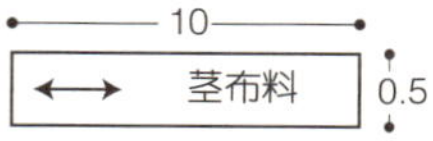

3块

亚麻布（绿色）

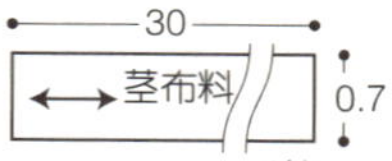

1块

4 完成

组合花朵和茎

花朵的铁丝从根部卷弯后，与花朵保持水平

将花朵和3根叶子绑好，决定叶子的位置和角度

变换叶子的角度时，从花朵的根部开始将茎扭弯

叶子的茎距离花朵根部留出2cm，花茎留出7cm后剪断

用涂过黏合剂的茎布料将花朵的底部缠一圈，不要留有缝隙

※缠法参照P.39 H

茎布料缠第2圈时，加入花饰别针，与茎一起缠好

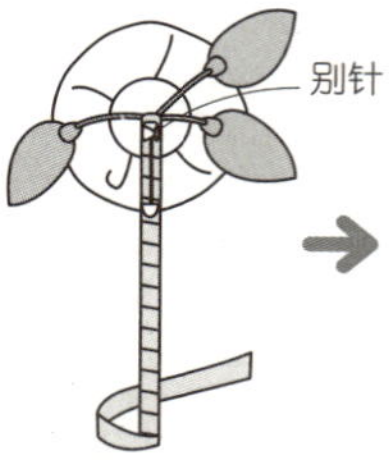

缠至下端时，再向上缠第二次，至别针底部

调整茎和叶子的位置，注意整体平衡

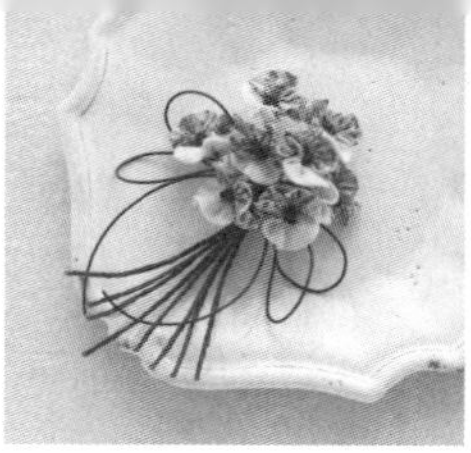

紫罗兰花束　实物图 P.32

成品尺寸：14cm×9cm

材料（1朵的用量）

- 棉布（印花）30cm×20cm
- 亚麻布（粉色）30cm×10cm
- 亚麻布（焦茶色）30cm×5cm
  ※焦茶色的亚麻布事先浆洗，浆洗方法参照P.36 A
- 宽0.1的皮革绳带（焦茶色）150cm
- 铁丝 28号（白色）9根
- 花饰别针 2.5cm 1个

实物大纸样

花瓣
印花 16块
粉色　8块
裁剪

※花瓣的裁剪方法如下

4.5

做法

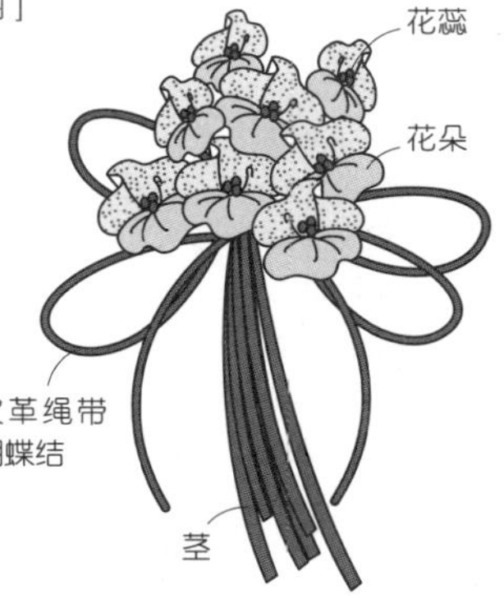

[完成图]
花蕊
花朵
皮革绳带
蝴蝶结
茎

❶ 制作花朵

与纸样对齐，裁剪布料，制作花朵
（所有布料均需裁剪）

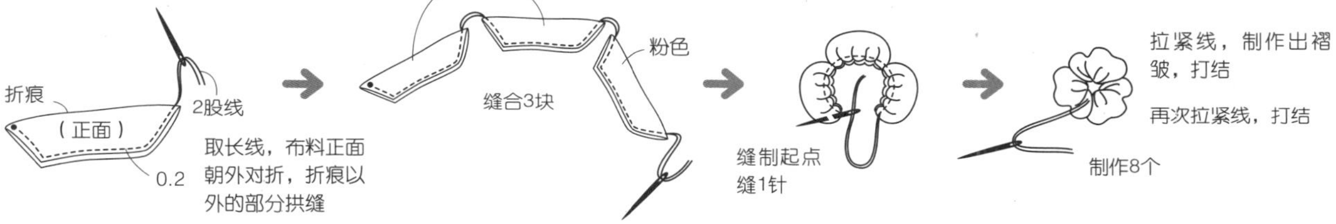

折痕
（正面）
2股线
0.2
取长线，布料正面朝外对折，折痕以外的部分拱缝
印花
粉色
缝合3块
缝制起点缝1针
拉紧线，制作出褶皱，打结
再次拉紧线，打结
制作8个

❷ 制作花蕊

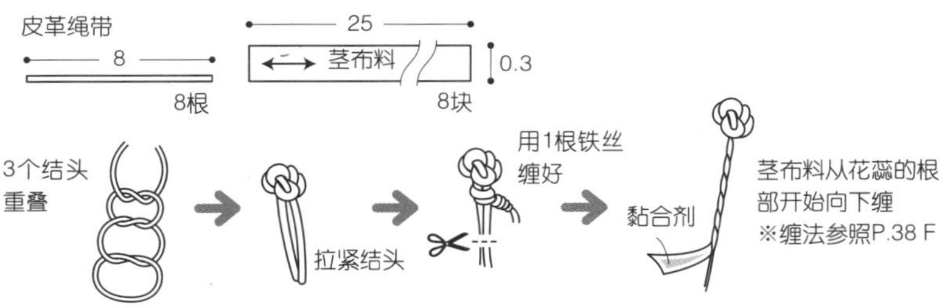

皮革绳带
8
8根
亚麻布（焦茶色）
25
茎布料
0.3
8块
3个结头重叠
拉紧结头
用1根铁丝缠好
黏合剂
茎布料从花蕊的根部开始向下缠
※缠法参照P.38 F

❸ 组合花朵和花蕊

黏合剂
茎从花朵中心的空中穿过
与花蕊连接的部分涂上黏合剂固定
制作8朵

❹ 制作蝴蝶结

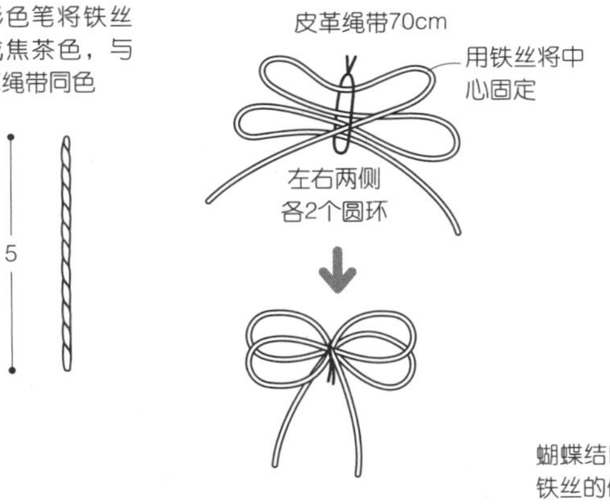

用彩色笔将铁丝涂成焦茶色，与皮革绳带同色
5
皮革绳带70cm
用铁丝将中心固定
左右两侧各2个圆环

❺ 完成

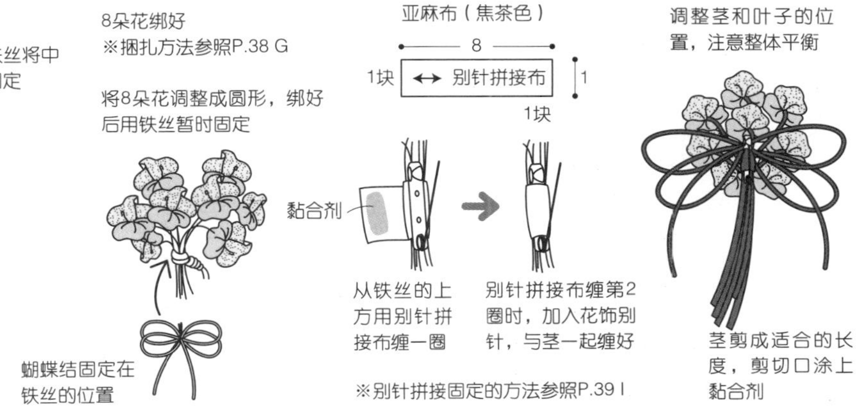

8朵花绑好
※捆扎方法参照P.38 G
将8朵花调整成圆形，绑好后用铁丝暂时固定
蝴蝶结固定在铁丝的位置
亚麻布（焦茶色）
8
1块
别针拼接布
1
1块
黏合剂
从铁丝的上方用别针拼接布缠一圈
别针拼接布缠第2圈时，加入花饰别针，与茎一起缠好
※别针拼接固定的方法参照P.39 I
调整茎和叶子的位置，注意整体平衡
茎剪成适合的长度，剪切口涂上黏合剂

带叶子的紫罗兰花束&耳钉 实物图 P.33

成品尺寸： 花束 14cm × 8.5cm、耳钉 3cm × 3cm

材料

- 亚麻布（紫色）30cm × 20cm
- 亚麻布（黄色）30cm × 10cm
- 亚麻布（焦茶色） 30cm × 20cm
  ※焦茶色的亚麻布用做“茎布料”、“别针拼接布”的部分事先浆洗，浆洗方法参照P.36 A
- 棉质亚麻W纱布（本白） 2cm × 15cm
  ※事先浆洗
- 直径0.6cm的木质串珠 8颗
- 铁丝 28号（白色） 10根
- 花饰别针 2.5cm 1个
- 耳钉（或者耳环）金属配件 1对

做法

[完成图]

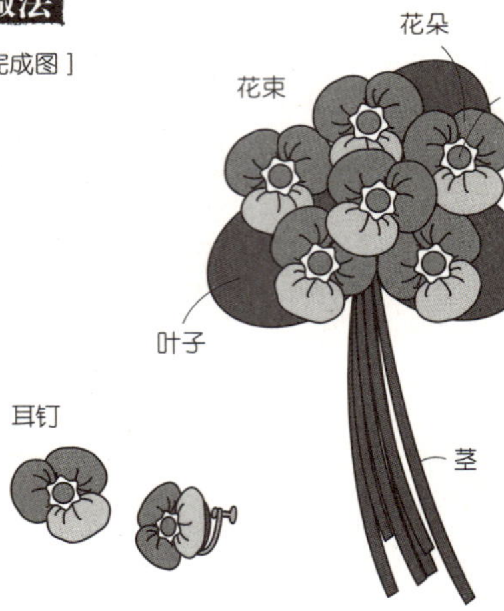
花朵
花束
花蕊
叶子
耳钉
茎

❶ 制作花朵

按照P.65“紫罗兰花束”的纸样裁剪布料，制作花朵（所有布料均需裁剪）
紫色 16块
黄色 8块

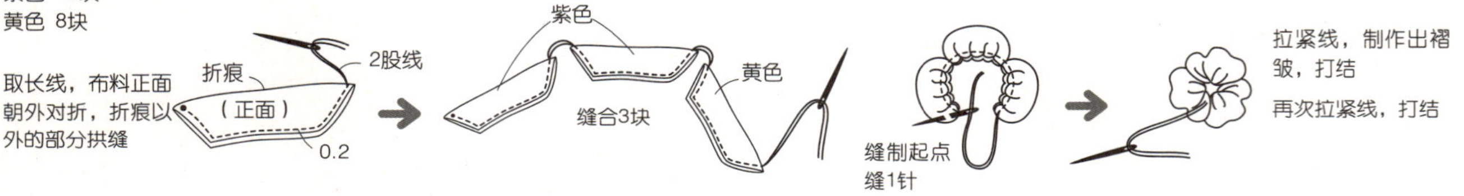
取长线，布料正面朝外对折，折痕以外的部分拱缝
折痕
2股线
（正面）
0.2
紫色
黄色
缝合3块
缝制起点缝1针
拉紧线，制作出褶皱，打结
再次拉紧线，打结

❷ 制作花蕊

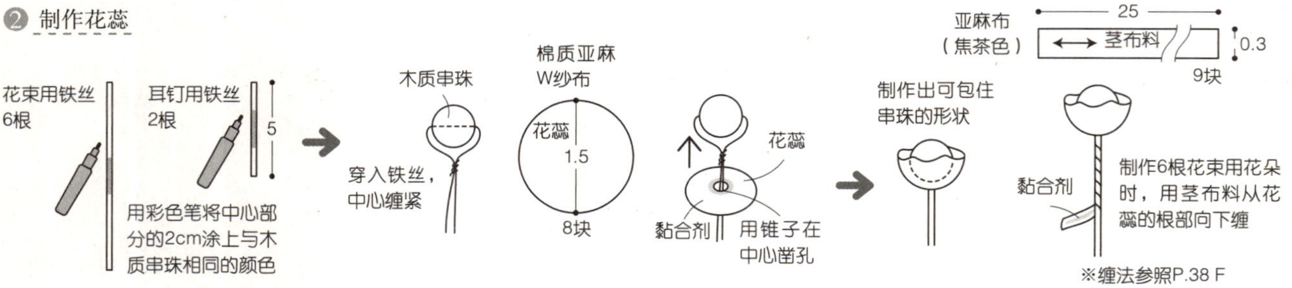
花束用铁丝 6根
耳钉用铁丝 2根
5
用彩色笔将中心部分的2cm涂上与木质串珠相同的颜色
木质串珠
穿入铁丝，中心缠紧
棉质亚麻W纱布
花蕊
1.5
8块
花蕊
黏合剂
用锥子在中心凿孔
制作出可包住串珠的形状
亚麻布（焦茶色）
25
茎布料
0.3
9块
黏合剂
制作6根花束用花朵时，用茎布料从花蕊的根部向下缠
※缠法参照P.38 F

❸ 组合花朵和花蕊

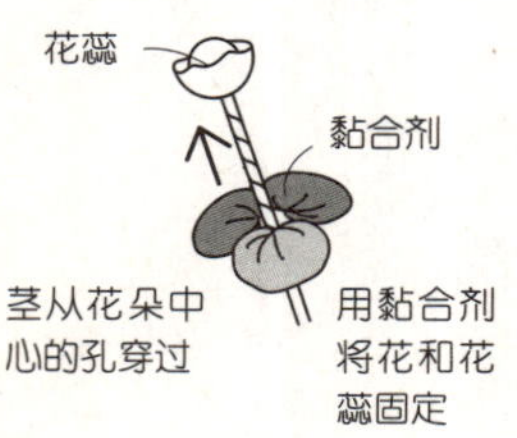
花蕊
黏合剂
茎从花朵中心的孔穿过
用黏合剂将花和花蕊固定

❹ 制作叶子

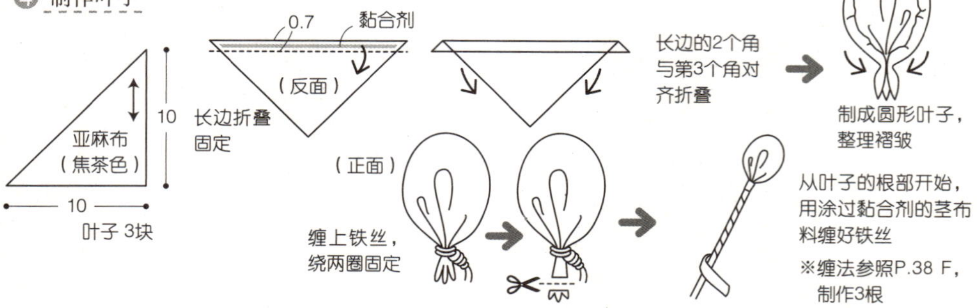
10
亚麻布（焦茶色）
10
叶子 3块
0.7
黏合剂
（反面）
长边折叠固定
长边的2个角与第3个角对齐折叠
长边
制成圆形叶子，整理褶皱
（正面）
缠上铁丝，绕两圈固定
从叶子的根部开始，用涂过黏合剂的茎布料缠好铁丝
※缠法参照P.38 F，制作3根

❺ 完成

[花束]

6朵花和3片叶子绑好
※捆扎方法参照P.38 G

按照完成图，用6朵花组成圆形，加入叶子后，用铁丝暂时固定

亚麻布（焦茶色）

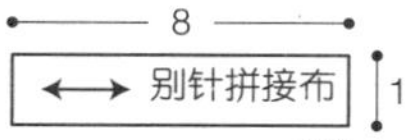

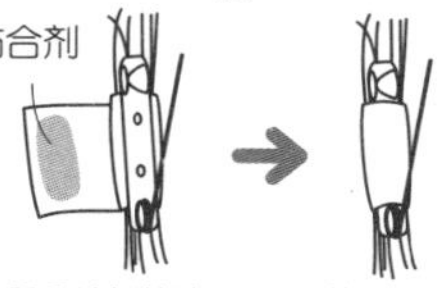

用别针拼接布从铁丝的上方缠一圈

调整茎和叶子的位置，注意整体平衡

※别针拼接固定的方法参照P.39 I

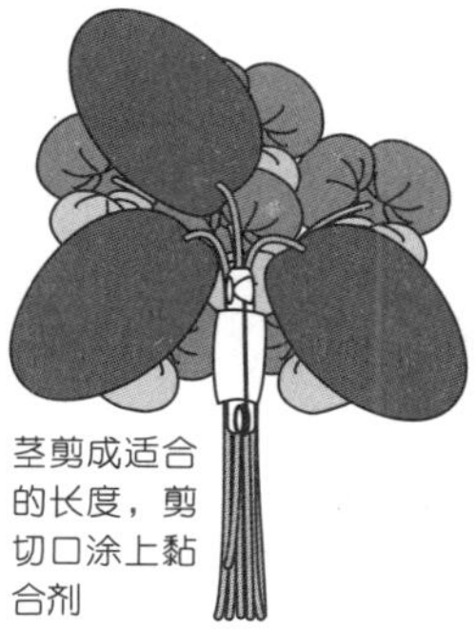

茎剪成适合的长度，剪切口涂上黏合剂

[耳钉]

将露在花朵反面的铁丝剪断

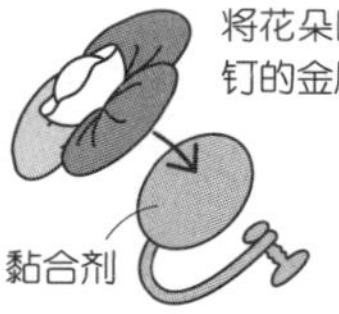

将花朵固定在耳钉的金属配件中

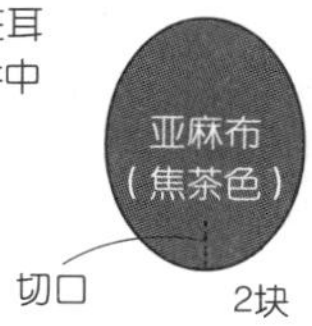

准备好垫布

用黏合剂粘贴垫布，将耳钉的金属配件遮住

雏菊花束　实物图 P.34

成品尺寸：16cm × 10cm

材料（1朵的用量）

- 棉布（粉色圆点） 40cm × 20cm
- 亚麻布（紫色） 30cm × 10cm
- 亚麻布（焦茶色） 25cm × 10cm
  ※所有的布料均需事先浆洗，浆洗方法参照P.36 A
- 净色圆形棉签（白色） 50根
- 铁丝 28号 10根
- 花饰别针 2.5cm 1个

实物大纸样

做法

[完成图]

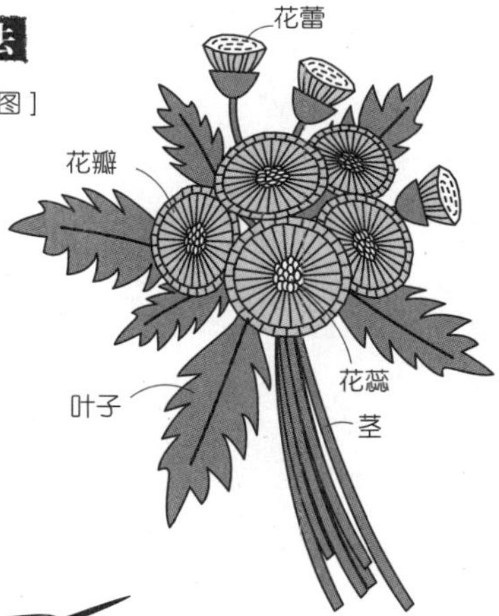

❶ 制作花瓣

与纸样对齐，裁剪布料，制作花瓣
（所有布料均需裁剪）

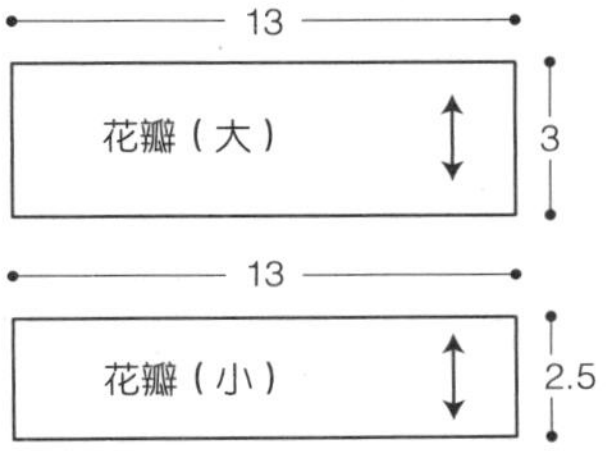

棉布（粉色圆点） 各5块

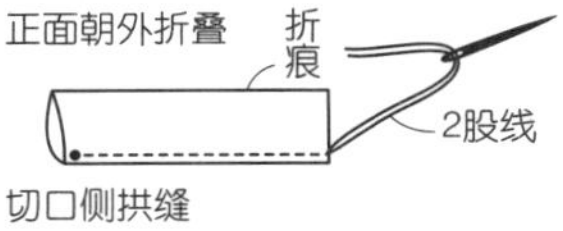

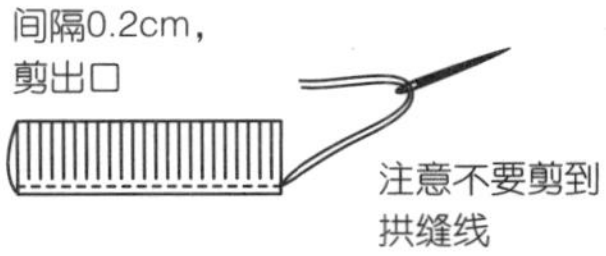

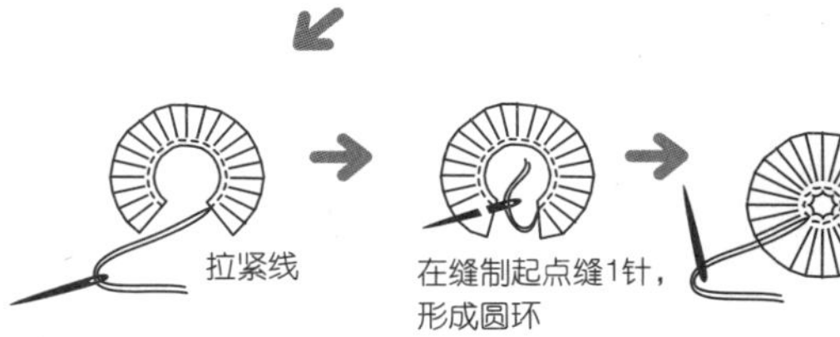

❷ 制作花蕊

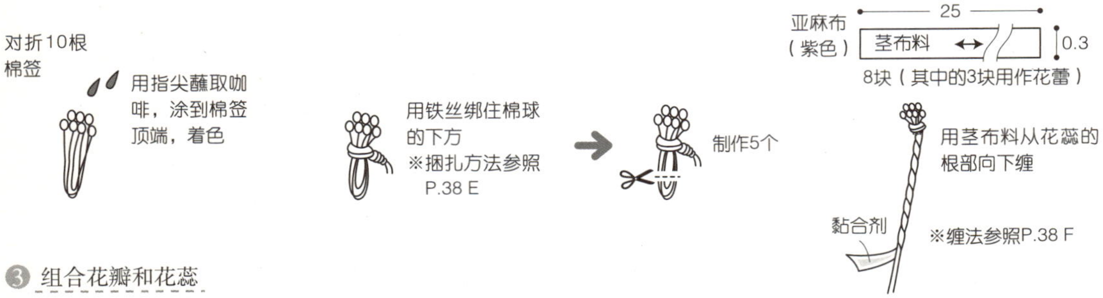
对折10根
棉签
用指尖蘸取咖
啡，涂到棉签
顶端，着色
用铁丝绑住棉球
的下方
※捆扎方法参照
P.38 E
制作5个
亚麻布
（紫色）
25
茎布料
0.3
8块（其中的3块用作花蕾）
用茎布料从花蕊的
根部向下缠
黏合剂
※缠法参照P.38 F

❸ 组合花瓣和花蕊

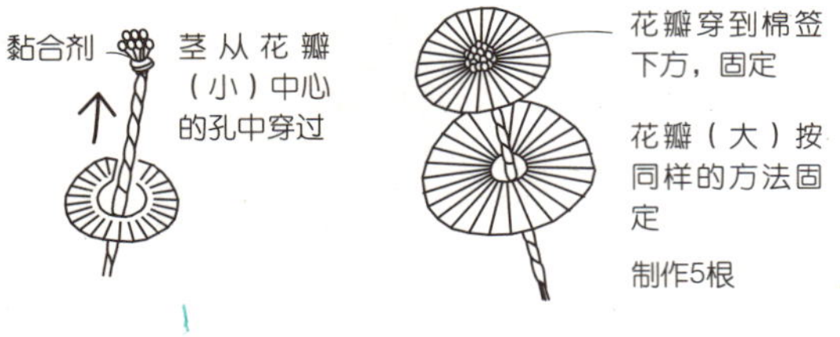
黏合剂
茎从花瓣
（小）中心
的孔中穿过
花瓣穿到棉签
下方，固定
花瓣（大）按
同样的方法固
定
制作5根

❹ 制作花蕾

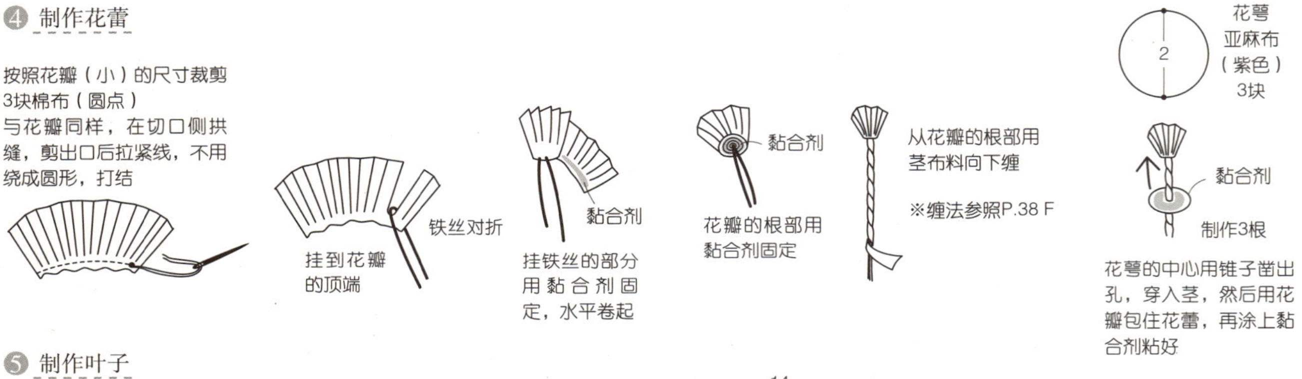
按照花瓣（小）的尺寸裁剪
3块棉布（圆点）
与花瓣同样，在切口侧拱
缝，剪出口后拉紧线，不用
绕成圆形，打结
挂到花瓣
的顶端
铁丝对折
挂铁丝的部分
用黏合剂固
定，水平卷起
黏合剂
黏合剂
花瓣的根部用
黏合剂固定
从花瓣的根部用
茎布料向下缠
※缠法参照P.38 F
花萼
亚麻布
（紫色）
3块
2
黏合剂
制作3根
花萼的中心用锥子凿出
孔，穿入茎，然后用花
瓣包住花蕾，再涂上黏
合剂粘好

❺ 制作叶子

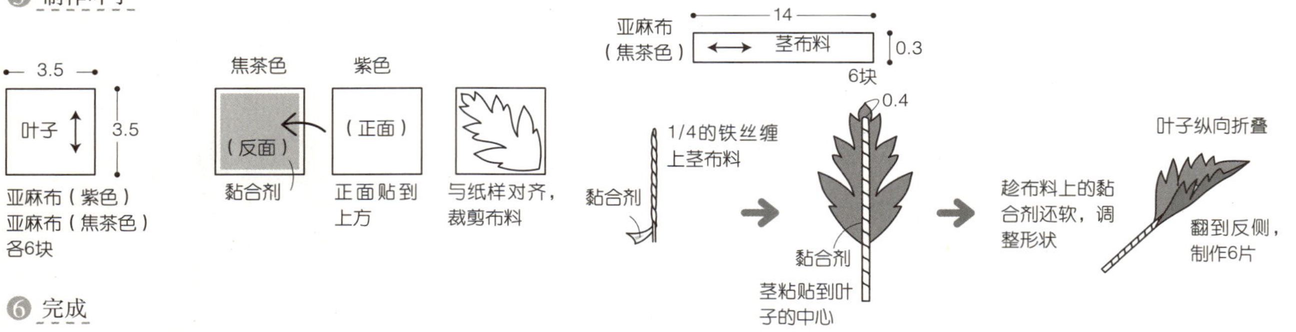
3.5
叶子
3.5
亚麻布（紫色）
亚麻布（焦茶色）
各6块
焦茶色
紫色
（反面）
（正面）
黏合剂
正面贴到
上方
与纸样对齐，
裁剪布料
亚麻布
（焦茶色）
14
茎布料
0.3
6块
1/4的铁丝缠
上茎布料
黏合剂
0.4
黏合剂
茎粘贴到叶
子的中心
趁布料上的黏
合剂还软，调
整形状
叶子纵向折叠
翻到反侧，
制作6片

❻ 完成

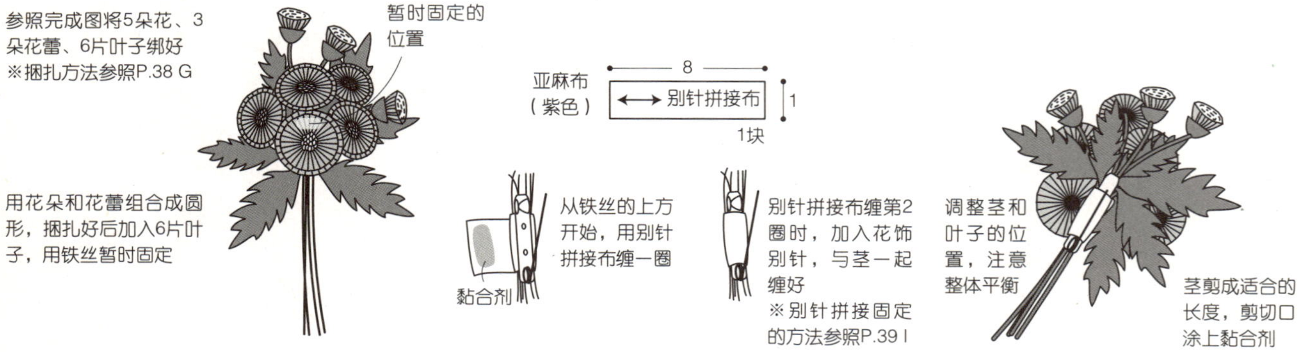
参照完成图将5朵花、3
朵花蕾、6片叶子绑好
※捆扎方法参照P.38 G
暂时固定的
位置
用花朵和花蕾组合成圆
形，捆扎好后加入6片叶
子，用铁丝暂时固定
亚麻布
（紫色）
8
别针拼接布
1
1块
黏合剂
从铁丝的上方
开始，用别针
拼接布缠一圈
别针拼接布缠第2
圈时，加入花饰
别针，与茎一起
缠好
※别针拼接固定
的方法参照P.39 I
调整茎和
叶子的位
置，注意
整体平衡
茎剪成适合的
长度，剪切口
涂上黏合剂

圆鼓鼓的可爱粘贴蔷薇　实物图 P.35

成品尺寸：花朵直径5.5cm

材料（1朵的用量）

- 棉布（粉色花纹）30cm × 10cm
- 棉布（粉色圆点）30cm × 10cm
- 棉质亚麻W纱布（本白）25cm × 10cm
  ※ W纱布用做“别针拼接布”的部分事先浆洗，浆洗方法参照P.36 A
- 亚麻布（淡蓝色）20cm × 10cm
- 厚纸 直径5cm的圆
- 手工棉 适量
- 铁丝 28号 1根
- 花饰别针 2.5cm 1个

做法

［完成图］

a 粉色花纹
b 粉色圆点
叶子
c 本白

※按照个人喜好调整花瓣各布的配置

❶ 裁剪花瓣

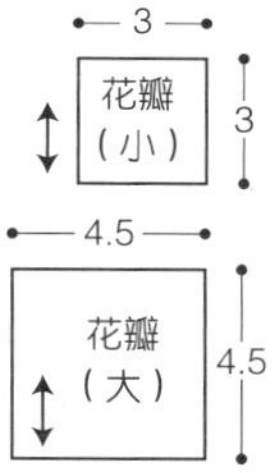

3
花瓣（小）
3
4.5
花瓣（大）
4.5

a 粉色花纹 5块
b 粉色圆点 5块
c本白 4块

a 粉色花纹
b 粉色圆点
c 本白
各2块

※所有布料均需裁剪

简单的布料裁剪法

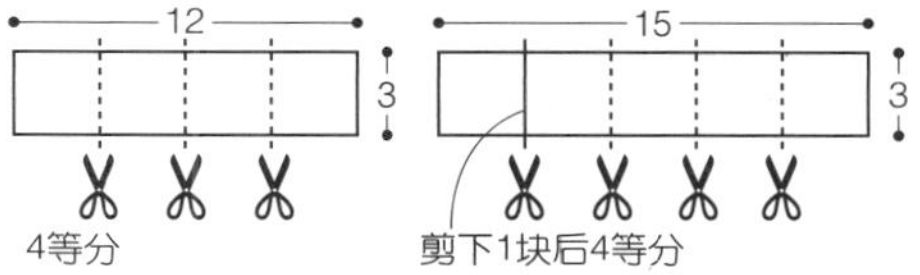

花瓣（小）的情况
12
3
4等分
花瓣不是标准的正方形也行
15
3
剪下1块后4等分

❷ 制作花朵

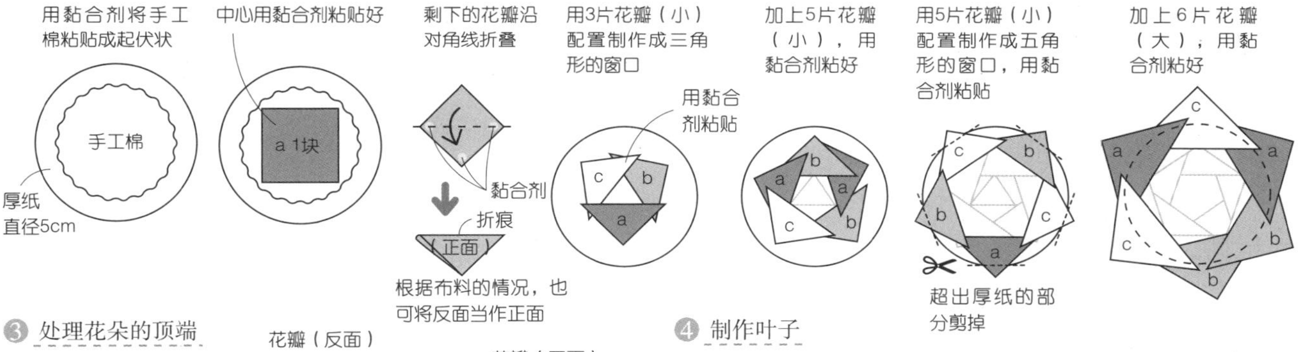

用黏合剂将手工棉粘贴成起伏状
手工棉
厚纸
直径5cm
中心用黏合剂粘贴好
a 1块
剩下的花瓣沿对角线折叠
黏合剂
折痕
正面
根据布料的情况，也可将反面当作正面
用3片花瓣（小）配置制作成三角形的窗口
用黏合剂粘贴
c
b
a
加上5片花瓣（小），用黏合剂粘好
用5片花瓣（小）配置制作成五角形的窗口，用黏合剂粘贴
超出厚纸的部分剪掉
加上6片花瓣（大），用黏合剂粘好

❸ 处理花朵的顶端

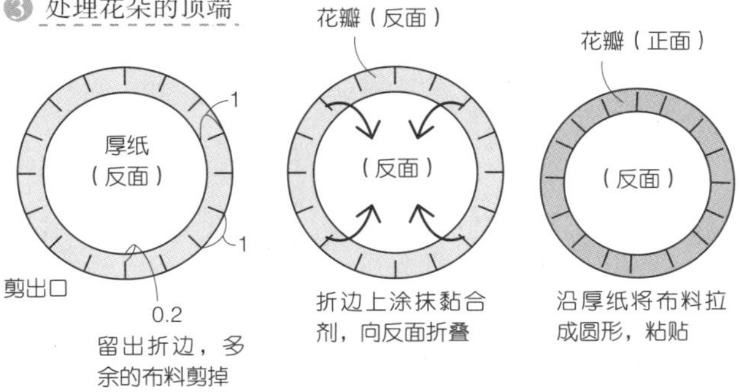

厚纸
（反面）
1
1
剪出口
0.2
留出折边，多余的布料剪掉
花瓣（反面）
（反面）
折边上涂抹黏合剂，向反面折叠
花瓣（正面）
（反面）
沿厚纸将布料拉成圆形，粘贴

❹ 制作叶子

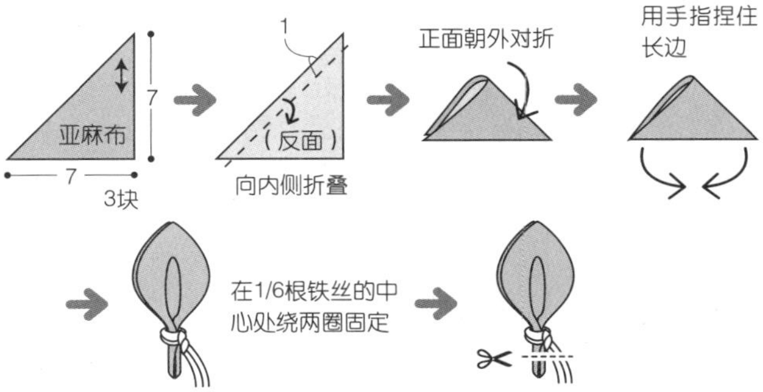

7
亚麻布
7
3块
1
（反面）
向内侧折叠
正面朝外对折
用手指捏住长边
在1/6根铁丝的中心处绕两圈固定

❺ 完成

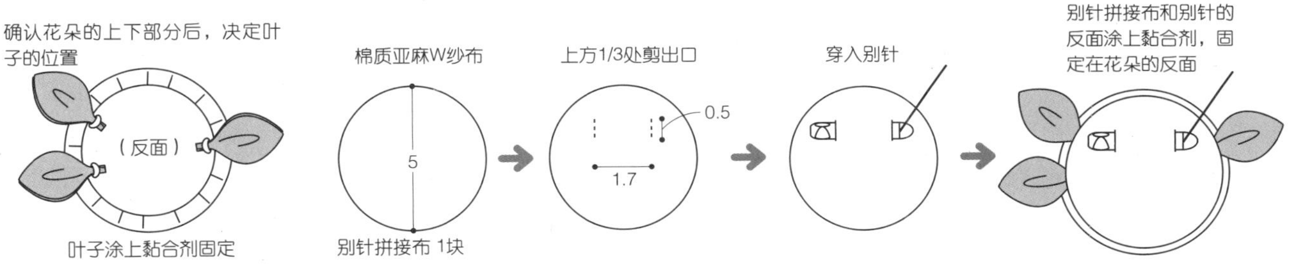

确认花朵的上下部分后，决定叶子的位置
（反面）
叶子涂上黏合剂固定
棉质亚麻W纱布
5
别针拼接布 1块
上方1/3处剪出口
0.5
1.7
穿入别针
别针拼接布和别针的反面涂上黏合剂，固定在花朵的反面

粉色康乃馨　实物图 P.35

成品尺寸：9.5cm×9.5cm

材料

- 亚麻布（粉色）70cm×10cm
- 亚麻布（条纹）40cm×20cm
  ※所有的布料均需事先浆洗，浆洗方法参照P.38 A
- 宽0.6cm的麻质镶边（浅茶色）100cm
- 铁丝 28号（白色）5根
- 花饰别针 2.5cm 1个

实物大纸样

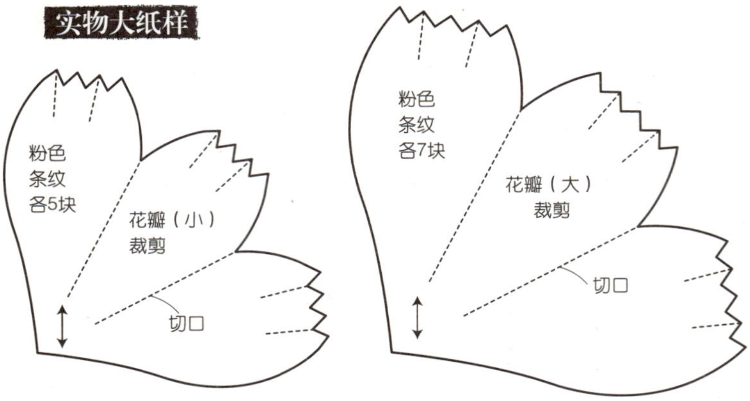

粉色
条纹
各5块
花瓣（小）
裁剪
切口
粉色
条纹
各7块
花瓣（大）
裁剪
切口

做法

［完成图］

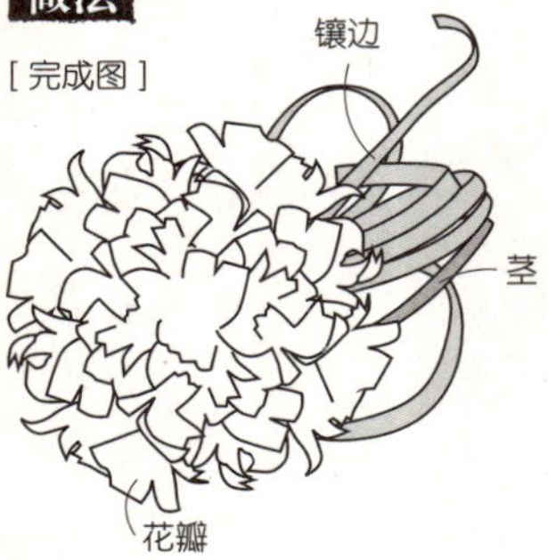

镶边
茎
花瓣

1 裁剪花瓣

与纸样对齐，裁剪花瓣
用竹签处理所有的花瓣，更生动逼真
※让花瓣生动逼真的方法参照P.37 C
※所有布料均需裁剪

2 制作花朵

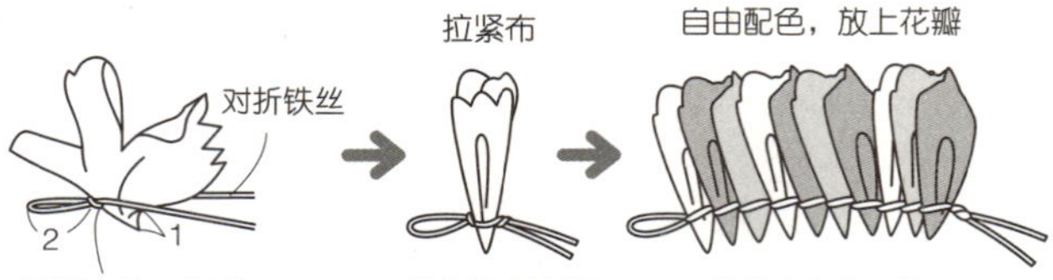

对折铁丝
2
1
拧紧铁丝，制成圆环，花瓣夹到圆环外
拉紧布
铁丝用力拧紧
自由配色，放上花瓣
花瓣（小）10块
花瓣（大）14块
各自捆扎好

3 组合花朵

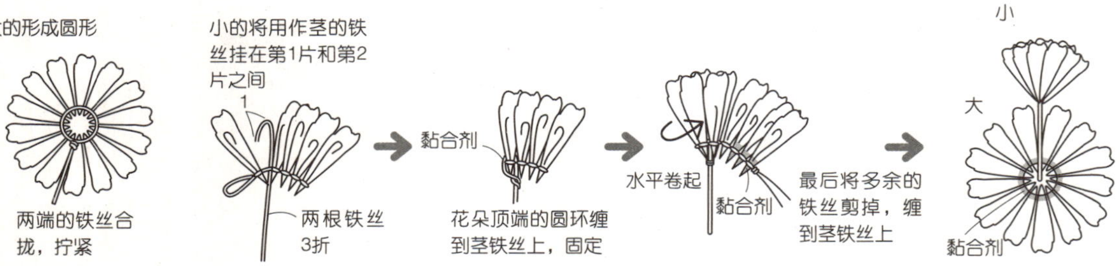

大的形成圆形
两端的铁丝合拢，拧紧
小的将用作茎的铁丝挂在第1片和第2片之间
1
两根铁丝3折
黏合剂
花朵顶端的圆环缠到茎铁丝上，固定
水平卷起
黏合剂
最后将多余的铁丝剪掉，缠到茎铁丝上
小
大
黏合剂
花瓣（小）穿入花瓣（大）中心的孔中，花瓣间用黏合剂固定，注意大小的平衡。若大的中心的孔过大，可以用褶皱将花瓣缩紧

4 加上花萼

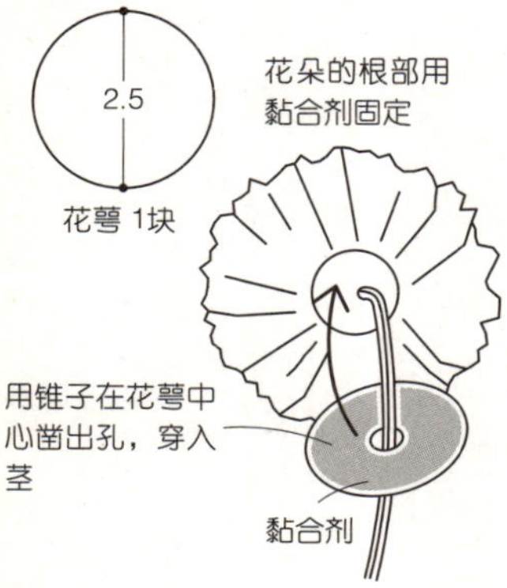

亚麻
（条纹的米褐色部分）
2.5
花萼 1块
花朵的根部用黏合剂固定
用锥子在花萼中心凿出孔，穿入茎
黏合剂

5 制作蝴蝶结

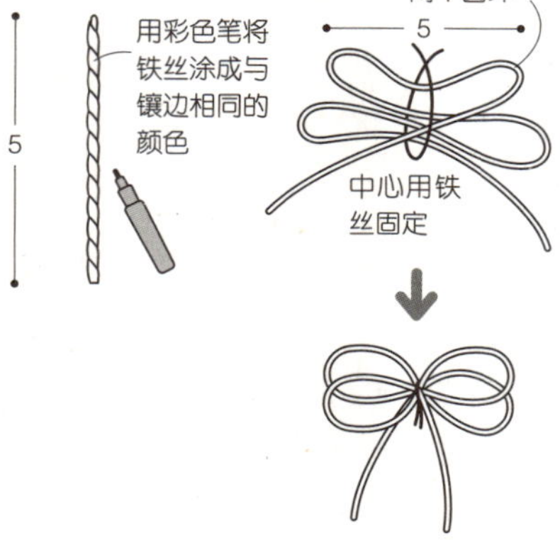

5
用彩色笔将铁丝涂成与镶边相同的颜色
左右两侧各两个圆环
5
中心用铁丝固定

6 完成

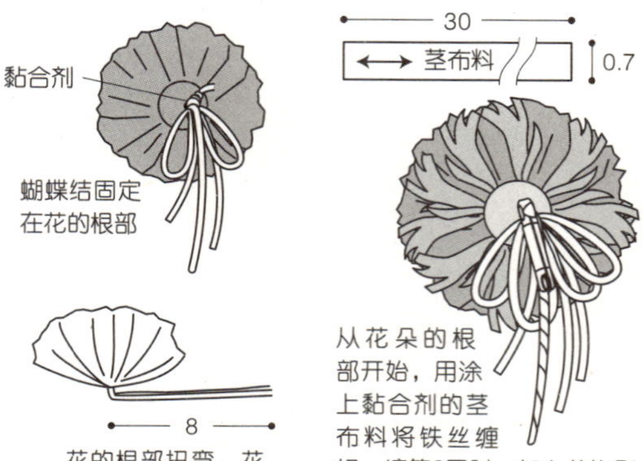

黏合剂
蝴蝶结固定在花的根部
8
花的根部扭弯，花朵与茎保持水平
条纹的米褐色部分
30
茎布料
0.7
从花朵的根部开始，用涂上黏合剂的茎布料将铁丝缠好。缠第2圈时，加入花饰别针，缠至下方时再向上缠
※缠法参照P.39 H

钩针钩织基础针法

引拔针

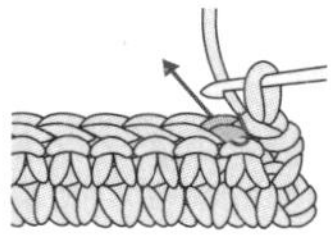

❶ 线放到钩织方向的外侧，钩针插入锁针的头针中。

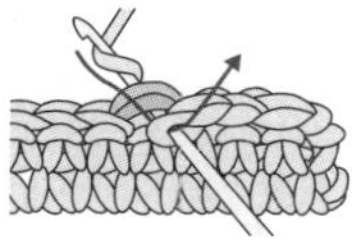

❷ 外侧的线挂在针上，引拔穿过锁针的头针和线圈。

锁针

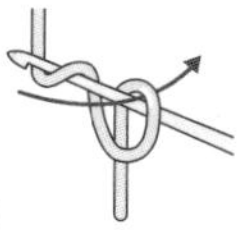

❶ 按照图示方法挂线，引拔抽出。

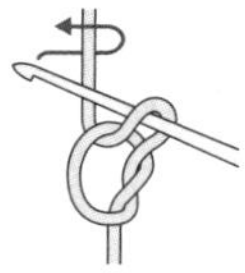

❷ 按箭头方向挂线，穿入针上的针脚中，然后引拔抽出。

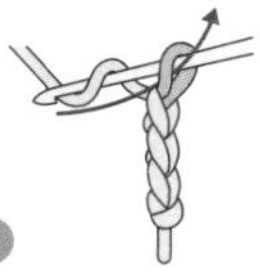

❸ 按同样的方法挂线，再将线从针脚中引拔抽出。

❹ 重复步骤❸，继续钩织锁针。

短针

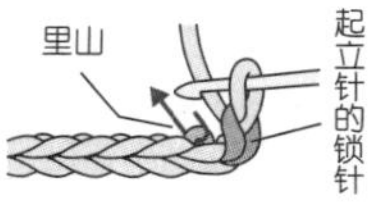

❶ 钩织1针锁针作为起立针，然后将钩针插入里山，挑起钩织。

❷ 按照图示方法挂线，钩织出1针锁针的高度后，引拔抽出线。

❸ 再次挂线，引拔穿过针上的两个线圈。

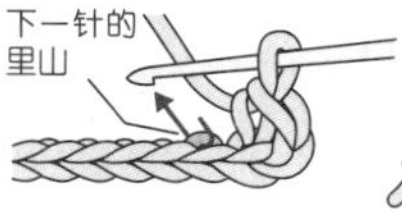

❹ 钩织完1针短针。按照同样的方法，将钩针插入下面的针脚中。

※第2行以后将锁针的头针（边缘部分）挑起钩织

❺ 重复步骤❷~❸。第2行以后将钩针插入锁针的头针中钩织。

加针

在1针中织入两针短针。

中长针

❶ 钩织2针起立针的锁针，针上挂线后，将钩针插入里山中，挑起针脚钩织。

❷ 按照图示方法挂线，钩织出2针锁针的高度后，引拔抽出线。

❸ 再次挂线，引拔穿过针上的3个线圈。

❹ 钩织完1针中长针。按照同样的方法挂线后，将钩针插入下面的针脚中。重复步骤❷~❸。

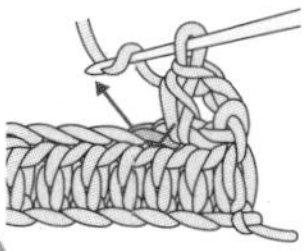

❺ 第2行以后将钩针插入锁针的头针中继续钩织。

长针

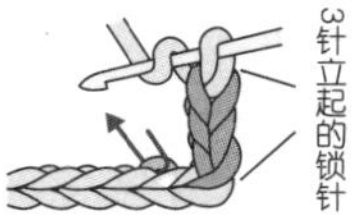

❶ 钩织3针立起的锁针，针上挂线后，将钩针插入里山中，挑起针脚钩织。

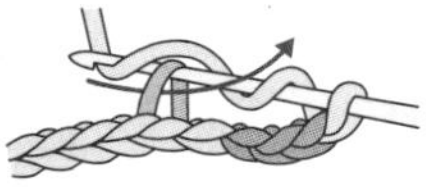

❷ 按照图示方法挂线，钩织出3针锁针的高度后，引拔抽出线。

❸ 再次挂线，引拔穿过针上的2个线圈。

❹ 再次挂线，引拔穿过针上剩下的2个线圈。

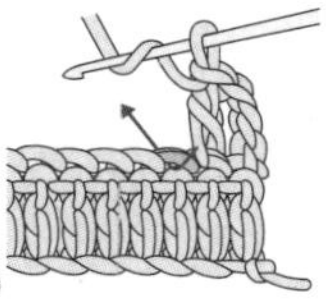

❺ 钩织完1针长针。按照同样的方法挂线后，将钩针插入下面的针脚中。重复步骤❷~❹。

圆环起针

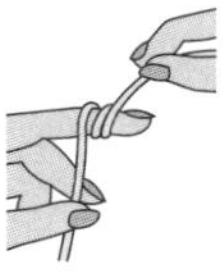

❶ 按照图示方法挂线，引拔抽出。

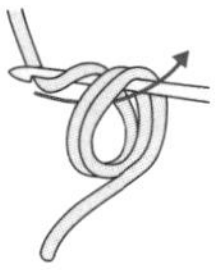

❷ 钩针插入圆环中，挂线后引拔抽出。

❸ 留着针上的线圈，再挂线，引拔抽出。

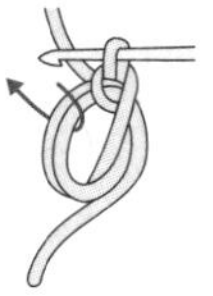

❹ 钩织完1针起立针的锁针。然后针从圆环中穿过，挂线后引拔抽出。

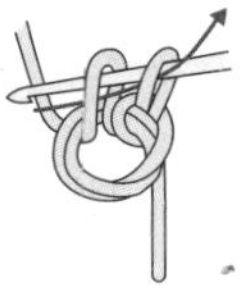

❺ 接着织入必要的针数，继续钩织短针。

图书在版编目（CIP）数据

恋上手作花饰／（日）日本拼布通信社著；何凝一译. —郑州：河南科学技术出版社，2012.5

ISBN 978-7-5349-5388-0

Ⅰ.①恋…　Ⅱ.①日…②何…　Ⅲ.①人造花卉-手工艺品-制作
Ⅳ.①TS938.1

中国版本图书馆CIP数据核字（2011）第263304号

策划制作：北京书锦缘咨询有限公司（www.booklink.com.cn）
总 策 划：陈　庆
策　　划：米海鹏
设计制作：李新泉

出版发行：河南科学技术出版社
地址：郑州市经五路 66 号　　邮编：450002
电话：（0371）65737028　65788613
网址：www.hnstp.cn
责任编辑：刘　欣　李　洁
责任校对：柯　姣
印　　刷：北京启恒印刷有限公司
经　　销：全国新华书店
幅面尺寸：210 mm × 260 mm　　**印张：**4.5　　**字数：**100千字
版　　次：2012年5月第1版　　2012年5月第1次印刷
定　　价：23.80元

如发现印、装质量问题，影响阅读，请与出版社联系调换。